7. Schuljahr

Dirk Meyer

Grundwissen Mathematik

7

Quadranten nennt.

Die Lage eines Punktes wird durch seine Koordinaten bestimmt.
Die 1. Koordinate gibt an, in welche Richtung du nach rechts oder links vom Ursprung gehen musst (+ nach rechts, – nach links), die 2. Koordinate bestimmt, ob du dich nach oben (+) oder nach unten (–) bewegen sollst. Nimm einmal den Punkt A. Du musst zwei Einheiten nach rechts (+2) und drei Einheiten nach oben (+3).
A hat also die Koordinaten (+2|+3), B hat die Koordinaten (–7
E hat die Koordinaten (+7|0).

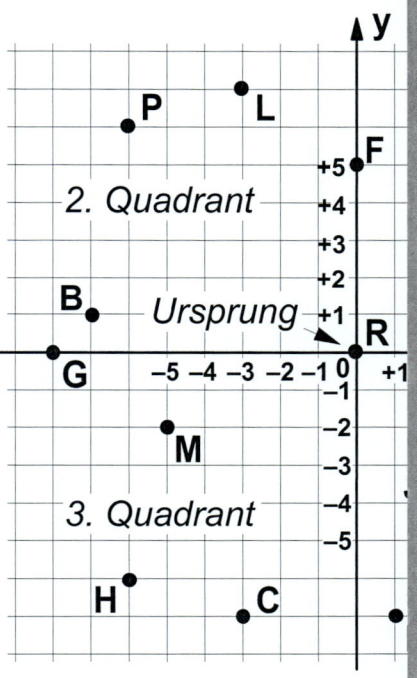

Diese Achse
y - Achse oder

2. Quadrant

Ursprung

3. Quadrant

... kinderleicht erklärt

- **Zahlreiche Arbeitsblätter zu allen wichtigen Themen**

- **Ausführliche Lösungen**

Lernen mit Erfolg

KOHL VERLAG

www.kohlverlag.de

Grundwissen Mathematik
... kinderleicht erklärt / 7. Schuljahr

9. Auflage 2024

© Kohl-Verlag, Kerpen 2014
Alle Rechte vorbehalten.

Inhalt: Dirk Meyer
Redaktion: Kohl-Verlag
Grafik & Satz: Kohl-Verlag
Druck: Druckerei Flock, Köln

Bestell-Nr. 11 570

ISBN: 978-3-95686-547-3

Unsere Lizenzmodelle

Der vorliegende Band ist eine Print-Einzellizenz

Sie wollen unsere Kopiervorlagen auch digital nutzen? Kein Problem – fast das gesamte KOHL-Sortiment ist auch sofort als PDF-Download erhältlich! Wir haben verschiedene Lizenzmodelle zur Auswahl:

	Print-Version	PDF-Einzellizenz	PDF-Schullizenz	Kombipaket Print & PDF-Einzellizenz	Kombipaket Print & PDF-Schullizenz
Unbefristete Nutzung der Materialien	x	x	x	x	x
Vervielfältigung, Weitergabe und Einsatz der Materialien im eigenen Unterricht	x	x	x	x	x
Nutzung der Materialien durch alle Lehrkräfte des Kollegiums an der lizensierten Schule			x		x
Einstellen des Materials im Intranet oder Schulserver der Institution			x		x

Die erweiterten Lizenzmodelle zu diesem Titel sind jederzeit im Online-Shop unter www.kohlverlag.de erhältlich.

Inhaltsverzeichnis

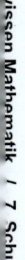

Vorbemerkungen

Grundwissen Mathematik Klasse 7 ... kinderleicht erklärt ist eine Sammlung von 70 Kopiervorlagen nebst Lösungen für die Klasse 7. Sie ist gedacht zur Erklärung und Verdeutlichung elementarer Grundrechenregeln der Mathematik.

Es wird detailliert beschrieben, wie man mit rationalen Zahlen rechnet, was proportionale Zuordnungen sind, wie man Dreisatzaufgaben angeht, wie man Gleichungen löst, was es mit der Zinsrechnung auf sich hat, und, und, und, ...

Es empfiehlt sich, Lösungsblätter (z. B. im Geometriebereich) mit umfangreicheren Lösungen auf Folie zu kopieren, um den Schülern und Schülerinnen eine leichtere Selbstkontrolle anbieten zu können.

Und wenn Ihre SchülerInnen einmal nicht wissen, was ein Scheitelwinkel ist oder wie man einen Winkel halbiert, nicht verzagen, Grundwissen Mathematik hat die passende Seite mit Erklärungen auf fast alle Fragen und viele handlungsorientierte Aufgaben z. T. in Rätselform, die unheimlich »Bock auf Mathematik«[1] machen.

Viel Erfolg beim Durcharbeiten der Kopiervorlagen
wünschen der Kohl-Verlag und

Dirk Meyer

---

[1] Hinweis für Leser in Österreich und der Schweiz
Duden: (bes. Jugendspr.) auf etw. Bock (Lust) haben

... kinderleicht erklärt

Aufgaben zum Auffrischen I

Schriftliche Multiplikation und Division

Ich hoffe, du weißt noch, wie du schriftlich multiplizieren und dividieren musst. Zur Auffrischung hier ein paar Aufgaben.

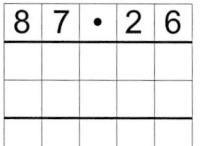 $87 \cdot 26$ 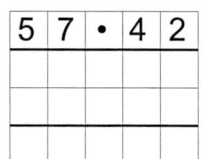 $57 \cdot 42$ 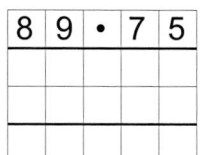 $89 \cdot 75$ 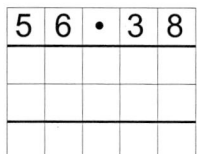 $56 \cdot 38$ 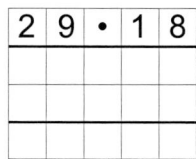 $29 \cdot 18$

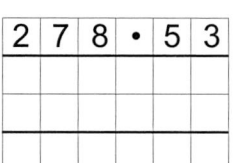 $278 \cdot 53$ 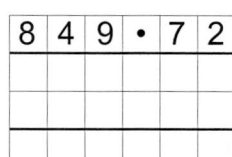 $849 \cdot 72$ 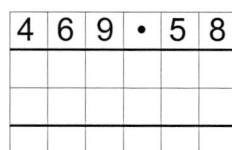 $469 \cdot 58$ 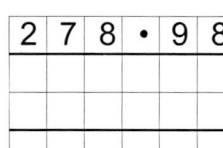 $278 \cdot 98$ 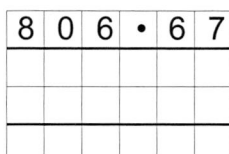 $806 \cdot 67$

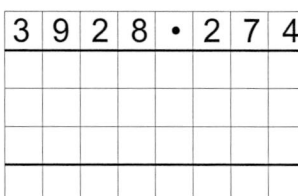 $3928 \cdot 274$ 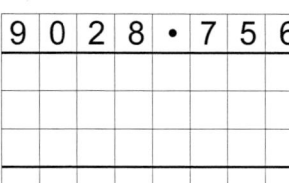 $9028 \cdot 756$ 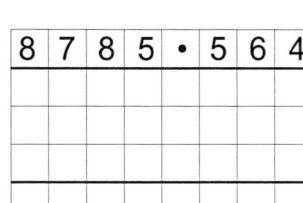 $8785 \cdot 564$ 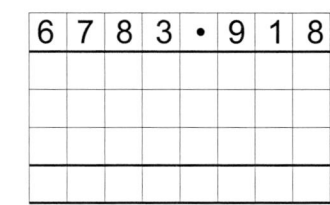 $6783 \cdot 918$

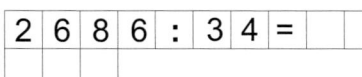 $3366 : 9 =$ $2686 : 34 =$ $67662 : 27 =$

 $17712 : 12 =$

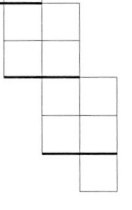 $2548 : 7 =$

 $7784 : 278 =$

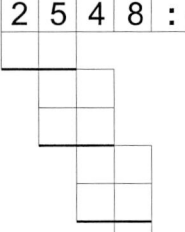 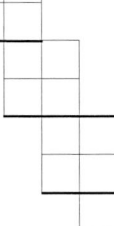 $31683 : 59 =$ $39697 : 53 =$

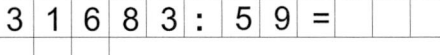 $266172 : 82 =$

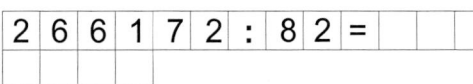 $7056 : 9 =$

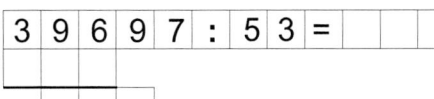 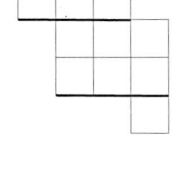 $864 : 27 =$ $6789 : 73 =$

 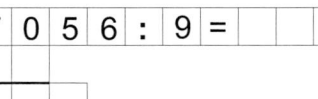 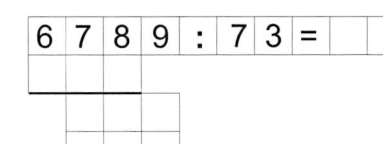  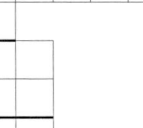 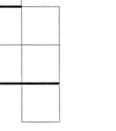

GRUNDWISSEN MATHEMATIK KLASSE 7

... kinderleicht erklärt

Aufgaben zum Auffrischen II

Rechnen mit Brüchen

Löse die Aufgaben unter den 16 Puzzleteilen. Deine Lösung verrät dir, wohin du dieses Teil des Puzzles übertragen musst.

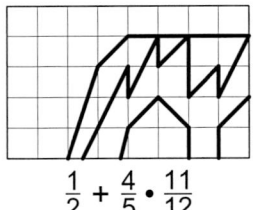

$\frac{1}{2} + \frac{4}{5} \cdot \frac{11}{12}$

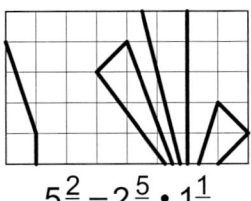

$5\frac{2}{3} - 2\frac{5}{6} \cdot 1\frac{1}{4}$

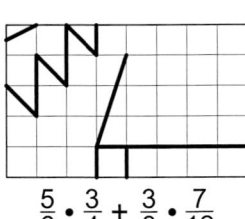

$\frac{5}{6} \cdot \frac{3}{4} + \frac{3}{8} \cdot \frac{7}{12}$

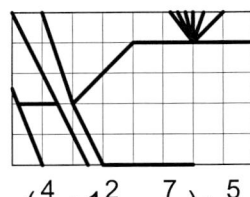

$(\frac{4}{5} \cdot 1\frac{2}{3} - \frac{7}{15}) \cdot \frac{5}{6}$

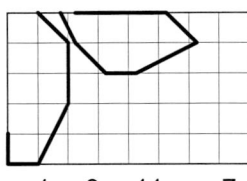

$5\frac{1}{4} + \frac{3}{5} \cdot \frac{11}{12} + 2\frac{7}{10}$

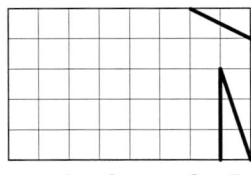

$10\frac{4}{7} \cdot \frac{2}{3} + 4\frac{2}{5} \cdot \frac{5}{6}$

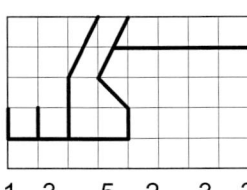

$\frac{1}{2} \cdot \frac{3}{5} + \frac{5}{6} \cdot \frac{2}{3} + \frac{3}{4} \cdot \frac{3}{5}$

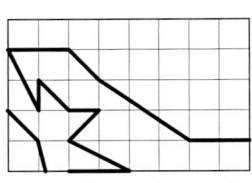

$45 \cdot (\frac{2}{5} + 4\frac{1}{3} - 2\frac{1}{2})$

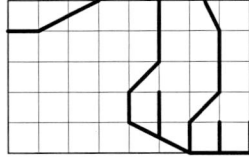

$\frac{14}{53} \cdot (\frac{4}{7} + 4\frac{1}{2} : \frac{2}{9})$

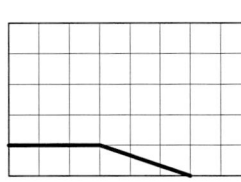

$6\frac{1}{4} + 14\frac{3}{8} : 6\frac{1}{2}$

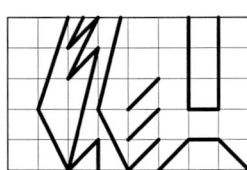

$\frac{2}{3} \cdot (\frac{7}{12} + \frac{23}{30}) \cdot \frac{5}{6}$

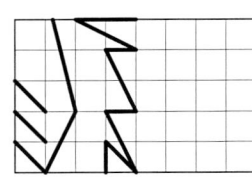

$(9\frac{3}{5} + 4\frac{7}{8}) : (8\frac{4}{5} - 3\frac{1}{4})$

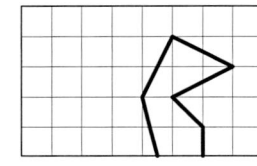

$(12\frac{1}{2} - 3\frac{3}{4}) \cdot (8\frac{1}{3} - 4\frac{5}{6})$

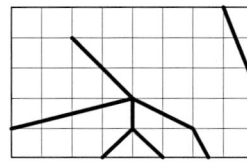

$4\frac{4}{5} \cdot (2\frac{3}{8} - 1\frac{2}{3})$

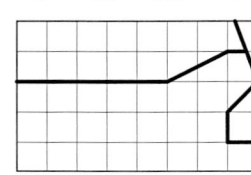

$(\frac{5}{6} + \frac{7}{12}) \cdot 6\frac{1}{2} - (\frac{7}{8} + \frac{5}{9})$

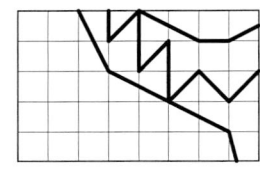

$(9\frac{2}{3} - 2\frac{7}{10}) : 5\frac{1}{2}$

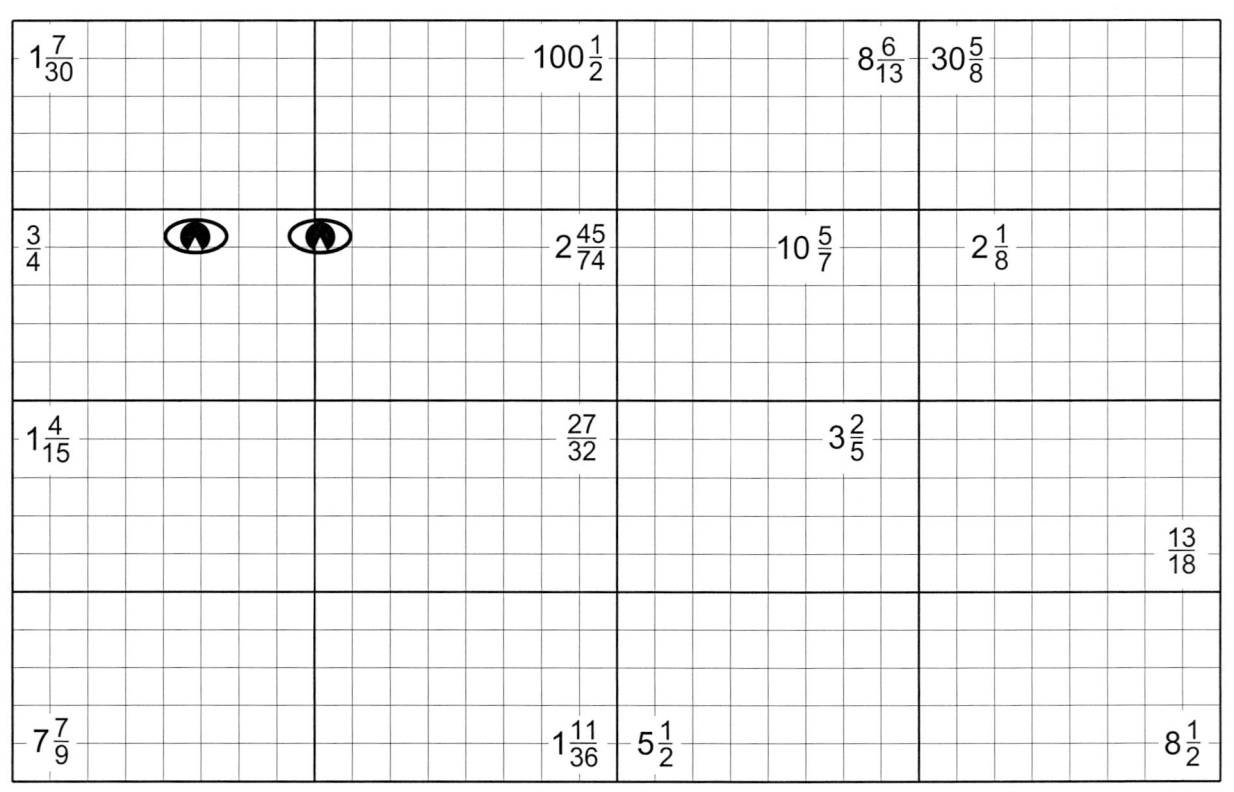

$1\frac{7}{30}$		$100\frac{1}{2}$	$8\frac{6}{13}$	$30\frac{5}{8}$
$\frac{3}{4}$		$2\frac{45}{74}$	$10\frac{5}{7}$	$2\frac{1}{8}$
$1\frac{4}{15}$		$\frac{27}{32}$	$3\frac{2}{5}$	
				$\frac{13}{18}$
$7\frac{7}{9}$		$1\frac{11}{36}$	$5\frac{1}{2}$	$8\frac{1}{2}$

Bestell-Nr. 11.570 · Grundwissen Mathematik / 7. Schuljahr

GRUNDWISSEN MATHEMATIK KLASSE 7

... kinderleicht erklärt

Aufgaben zum Auffrischen III

Rechnen mit Dezimalbrüchen

Rechne die acht Aufgaben aus. Starte deine Berechnung vom grauen Feld aus. Eine der sieben angegebenen Zahlen ist die Lösung. Wenn du dann noch den dazugehörigen Buchstaben desselben Feldes aufschreibst, erhältst du die englische Übersetzung für »Bildhauer«.

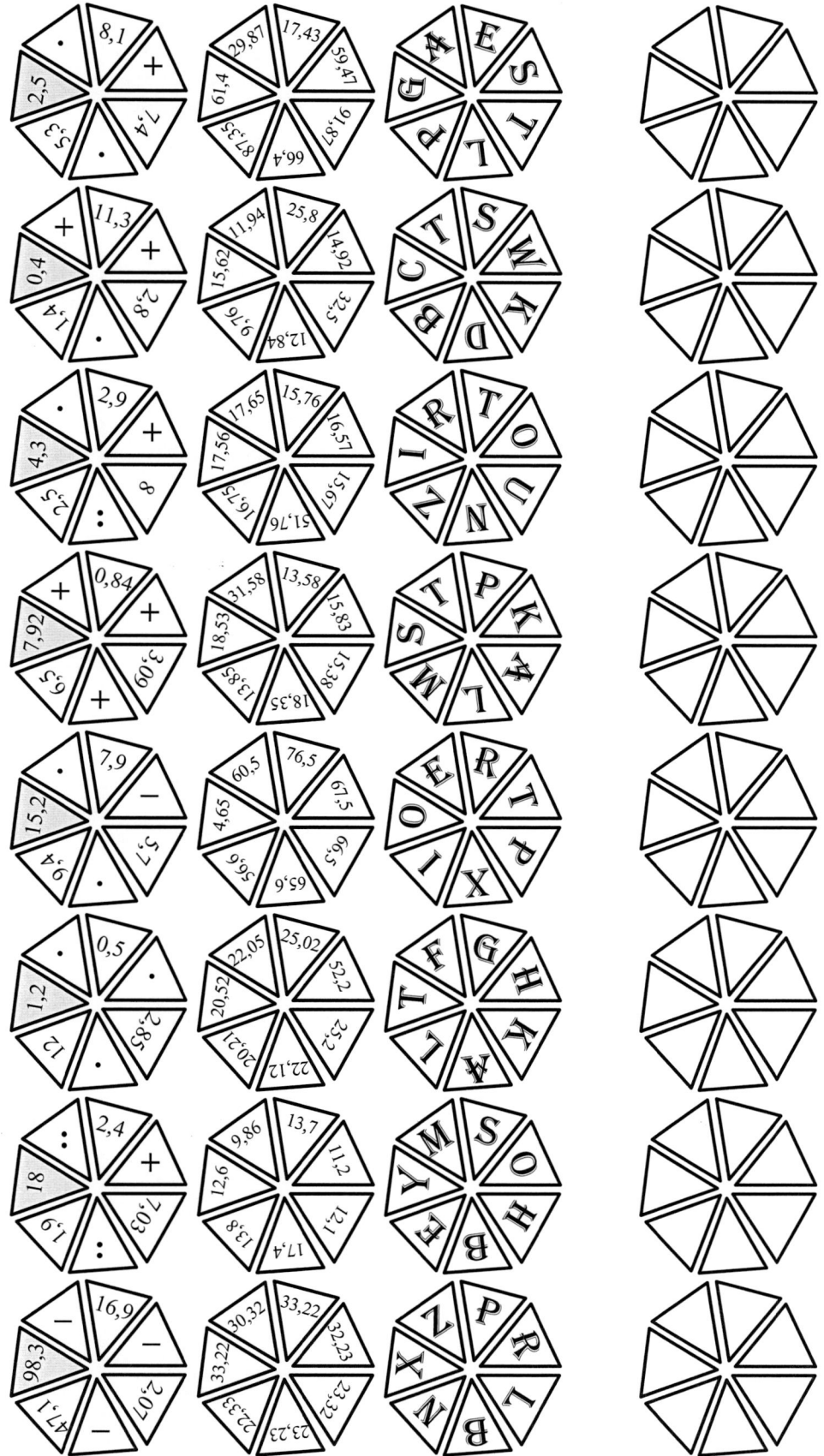

Zuordnungen I

Bei **Zuordnungen** werden Größenbereiche hinsichtlich einer bestimmten Fragestellung zueinander in Beziehung gesetzt.

Zuordnungen lassen sich durch Tabellen, Schaubilder oder durch Rechenvorschriften beschreiben.

Aufgabe 1

Hier siehst du die Fieberkurve des kranken Lars. Jeden Tag um 8.00 Uhr und um 16.00 Uhr wurde seine Temperatur gemessen. Seine Temperatur wird also in Beziehung zu dem jeweiligen Tag und der Uhrzeit gesetzt. Übertrage das Schaubild in eine Tabelle.

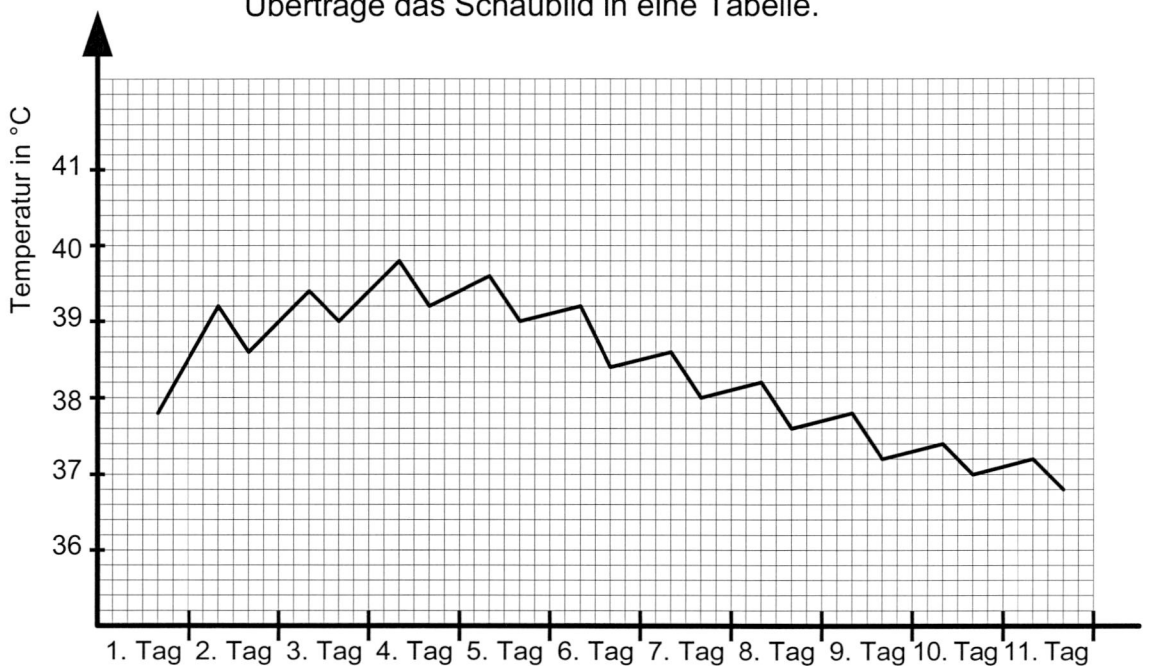

1. Tag		2. Tag		3. Tag		4. Tag		5. Tag		6. Tag		7. Tag		8. Tag		9. Tag		10. Tag		11. Tag	
8.00	16.00	8.00	16.00	8.00	16.00	8.00	16.00	8.00	16.00	8.00	16.00	8.00	16.00	8.00	16.00	8.00	16.00	8.00	16.00	8.00	16.00

Aufgabe 2

Die Post hat die Portokosten für Maxibriefe International in einer Tabelle aufgeführt:

bis 50 g	1,53 €
über 50 bis 100 g	2,56 €
über 100 bis 250 g	4,09 €
über 250 bis 500 g	6,14 €
über 500 bis 750 g	8,18 €
über 750 bis 1000 g	10,23 €
über 1.000 bis 1.500 g	14,32 €
über 1.500 bis 2.000 g	18,41 €

Was kostet ein Maxibrief von 52 g?
Was kosten zwei Maxibriefe von je 78 g?
Firma Mailnix schickt 12 Maxibriefe ins Ausland ab:
1 Brief mit 230 g, 2 Briefe mit je 125 g, 3 Briefe mit je 78 g, 1 Brief mit 1230 g,
3 Briefe mit je 43 g, 2 Briefe zu je 1501 g. Wie hoch sind die Portokosten?

Grundwissen Mathematik / 7. Schuljahr ▪ Bestell-Nr. 11 570

... kinderleicht erklärt
Zuordnungen II

Bei **Zuordnungen** werden Größenbereiche hinsichtlich einer bestimmten Fragestellung zueinander in Beziehung gesetzt.
Zuordnungen lassen sich durch Tabellen, Schaubilder oder durch Rechenvorschriften beschreiben.

Eisbär Ozzy Ozbär knackt an einer *Rechenvorschrift*, wie man Temperaturangaben von C (Celsius) in F (Fahrenheit) umwandelt. Daniel Gabriel Fahrenheit (1686 – 1736) war ein deutscher Physiker. Er führte das Quecksilberthermometer ein und die nach ihm benannte, in England und Amerika gebräuchliche Temperaturskala (100° C $\triangleq$ 212° F, 0° C $\triangleq$ 32° F).

Du kannst auch mathematisch kurz und knapp schreiben:

$$F = \frac{9}{5} \cdot C + 32$$

Aufgabe 1 Wandle die Angaben von Celsius in Fahrenheit um.

C (in °C)	75	30	5	20	37,8	48	17	83	15	64	38
F (in °F)											

Aufgabe 2 Hier siehst du die durchschnittlichen Monatstemperaturen von Suntown. Übertrage diese Daten in ein Schaubild.

Monat	January	February	March	April	May	June	July	August	September	October	November	December
Temperatur (in ° F)	77	86	95	96,8	104	105,8	109,4	104,9	107,6	95	77	75,2

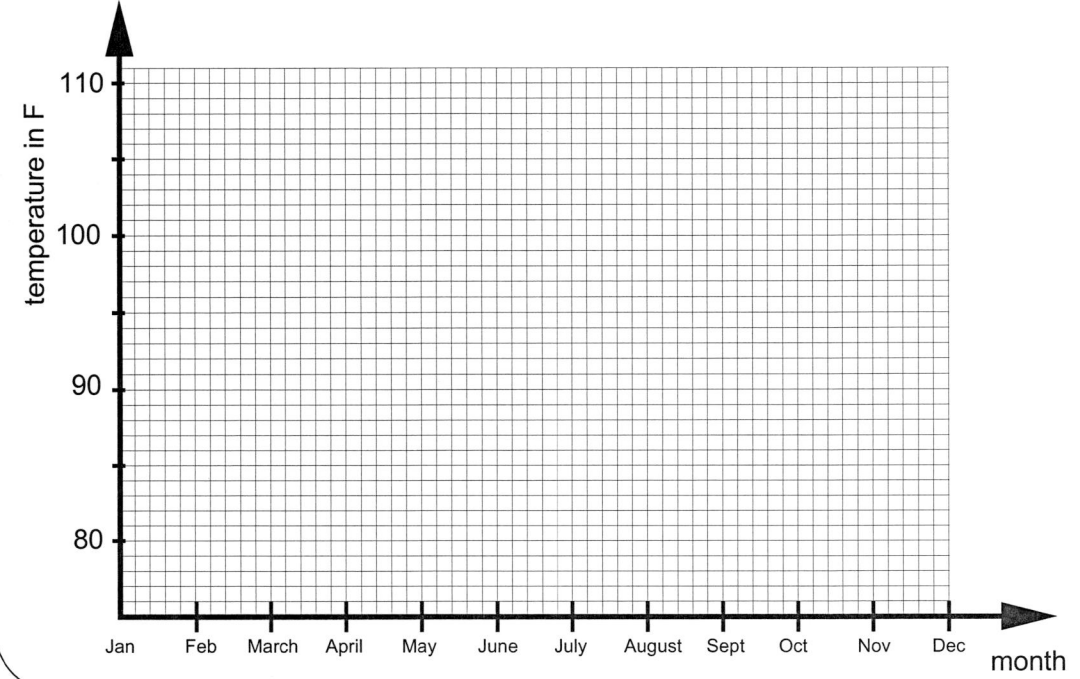

Wandle um in °C
Rechenvorschrift:

$$C = \frac{5}{9} \cdot (F - 32)$$

Monat	in °C
Januar	
Februar	
März	
April	
Mai	
Juni	
Juli	
August	
September	
Oktober	
November	
Dezember	

Proportionale Zuordnungen I

Eine Zuordnung heißt **proportional**, wenn gilt:
zum Doppelten der einen Größe gehört das Doppelte der anderen Größe,
zum Dreifachen der einen Größe gehört das Dreifache der anderen Größe,
zur Hälfte der einen Größe gehört die Hälfte der anderen Größe, ...

Beispiele:

Sechs Balkonpflanzen kosten 18 €.
Drei Balkonpflanzen kosten halb
so viel, nämlich 9 €.

Eine Videokassette kostet 2,50 €.
Drei Kassetten kosten dann
dreimal so viel, 7,50 €.

Um 0,25 l Orangensaft auszupressen, brauchst du
$2\frac{1}{2}$ Orangen. Du möchtest 1,5 l Saft für die ganze
Familie auspressen. Da du sechsmal
so viel Saft haben willst, musst du
auch die sechsfache Menge an
Orangen nehmen, insgesamt 15 Stück.

Aufgabe 1

Ergänze die Tabellen:

Anzahl Balkonpflanzen	1	2	3	5	6	10	15	30	45	18	9
Preis in €					18						

Anzahl Videokassetten	1	2	3	4	5	6	7	8	10	15	20
Preis in €	2,50										

Anzahl Orangen	$2\frac{1}{2}$	5	$7\frac{1}{2}$	10	15		$27\frac{1}{2}$		75		$1\frac{1}{2}$
Saft in l	0,25				2		5		0,05		

Der Graph einer proportionalen Zuordnung ist
eine Halbgerade, die vom Nullpunkt ausgeht.

Aufgabe 2

Zeichne die Graphen für die anderen
proportionalen Zuordnungen (Video-
kassetten und Orangen).

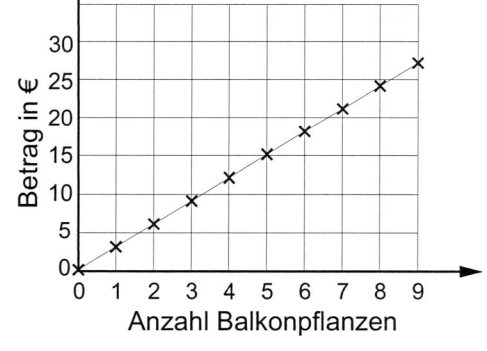

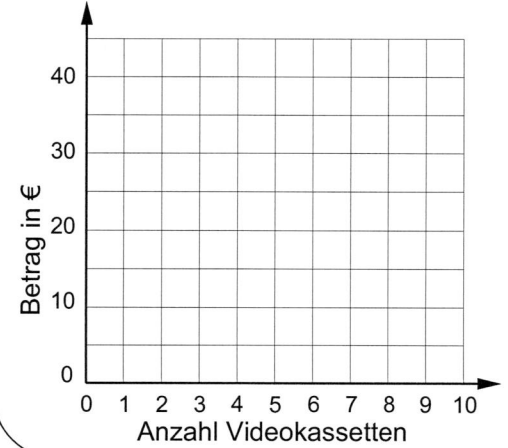

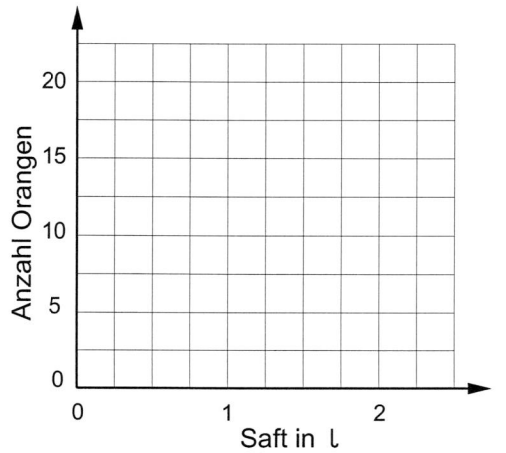

... kinderleicht erklärt

Proportionale Zuordnungen II

Mac OldTimers Auto verbraucht durchschnittlich 14 Liter Benzin auf 100 km.
Sein Sohn Charlie Mac OldTimer hat eine Zeichnung für die Zuordnung
gefahrene Strecke - Benzinverbrauch erstellt.

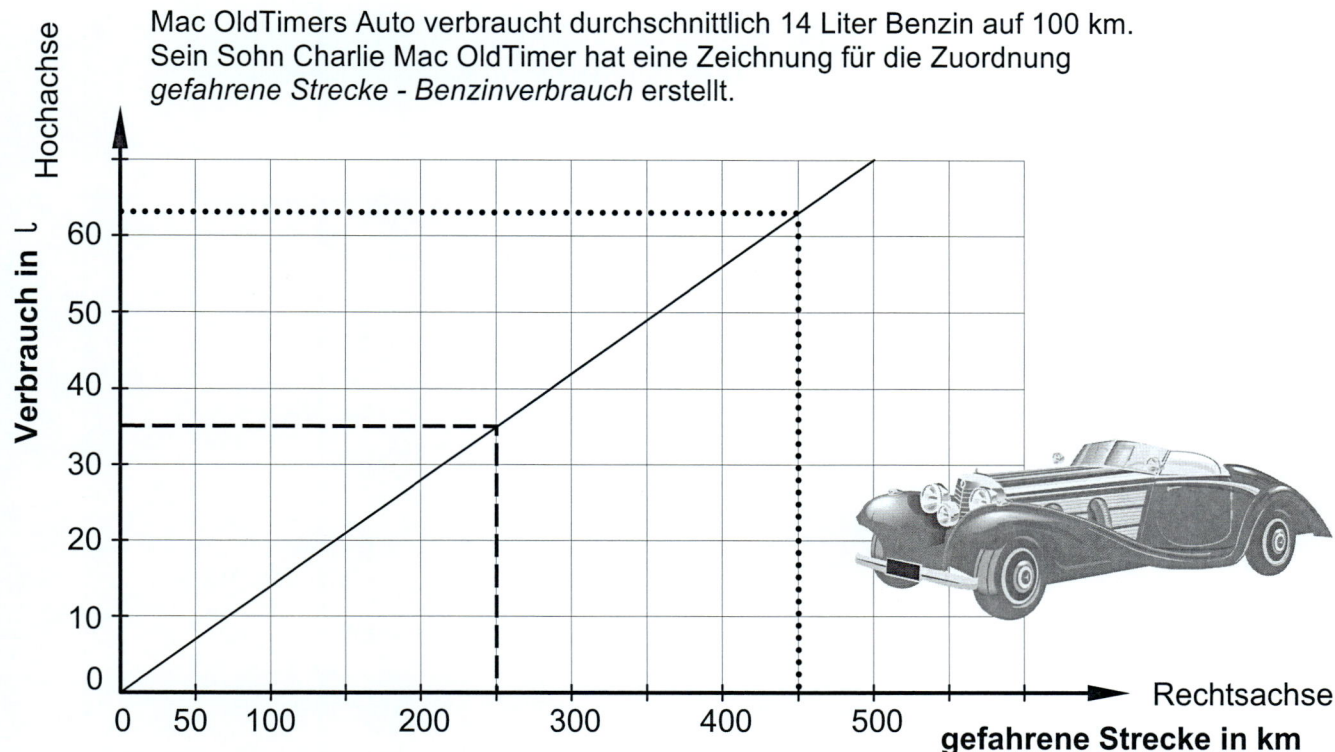

Wenn sein Dad wissen will, wie viel Benzin er für 450 km braucht, geht Charlie auf der Rechtsachse auf 450, von da aus hoch bis er auf die Halbgerade trifft und liest links auf der Hochachse ab, dass er ungefähr zwischen 62 und 64 Liter Benzin benötigt. Wenn er sehr genau zeichnet und ganz genau abliest, kann er exakt 63 Liter ablesen.

Wenn er wissen will, wie weit er mit 35 Liter Benzin kommt, geht Charlie auf der Hochachse auf 35, von da aus nach rechts, bis er auf die Halbgerade trifft und liest auf der Rechtsachse ab, dass sein Dad damit ungefähr 250 km weit kommt. Alles klar?

Aufgabe 1

Zeichne ein und lies die entsprechenden Werte aus der Zeichnung ab.
a) Wie viele Liter Benzin braucht Mac OldTimer für 220 km, 280 km, 390 km, 430 km?

b) Wie weit kommt er mit 22 Liter, 27 Liter, 45 Liter, 52 Liter Benzin?

Aufgabe 2

Der Kartoffelhändler Paule Potatoe hat sich für die
Kartoffelsorten Hansa, Grata und Celina eine
grafische Darstellung gezeichnet, um schnell
die Preise ablesen zu können. Gleichzeitig bittet
er aber seinen Sohn, ihm die Tabellen auszufüllen,
weil Kunden unzufrieden mit seiner Abrechnung
waren. Kannst du dir Gründe dafür denken?

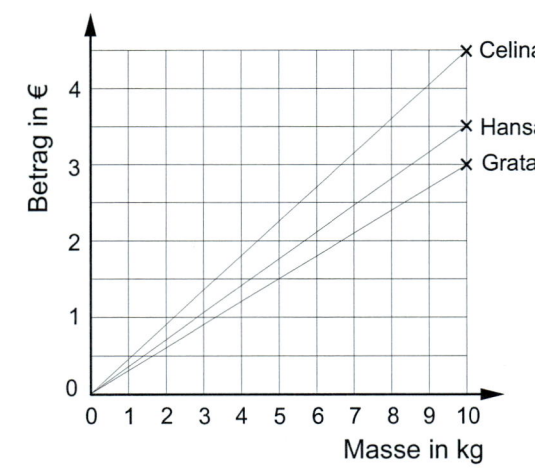

Hansa		Grata		Celina	
kg	€	kg	€	kg	€
1		1		1	
2		2		2	
3		3		3	
4		4		4	
5		5		5	
6		6		6	
7		7		7	
8		8		8	
9		9		9	
10		10		10	

Dreisatz bei proportionalen Zuordnungen

Aufgaben bei proportionalen Zuordnungen löst du in drei Schritten.
1. Du schließt auf die Einheit durch **Dividieren**.
2. Du schließt auf das Vielfache durch **Multiplizieren**.

Beispiel: 3 Tafeln Schokolade »Pitty Pat« kosten 1,83 €. Wie teuer sind 7 Tafeln »Pitty Pat«?

Mit drei Sätzen kannst du der Lösung auf die Spur kommen.

1. Satz: 3 Tafeln »Pitty Pat« kosten 1,83 €.
2. Satz: 1 Tafel »Pitty Pat« kostet [1,83 € : 3 =] 0,61 €.
3. Satz: 7 Tafeln »Pitty Pat« kosten [0,61 € • 7 =] 4,27 €.

Dieses Verfahren nennt man daher **Dreisatz** oder **Schlussrechnung**, weil man zunächst auf die Einheit (1 Tafel »Pitty Pat«) und dann auf die Mehrheit (7 Tafeln »Pitty Pat«) schließt.

Manchmal ist ein Schema ganz hilfreich:

	Anzahl	Preis in €	
:3	3 Tafeln	1,83	:3
•7	1 Tafel	0,61	•7
	7 Tafeln	4,27	

Aufgabe 1

Harry Bleifoot brauchte mit seinem Schmutzibuschi auf 52 km 6,24 l Super Plus. Wie viele l braucht er bei gleichem Fahrstil für 100 km?

Wie lauten die drei Sätze? Fülle das Schema aus!

Anzahl km	Verbrauch in l

1. Satz:
2. Satz:
3. Satz:

Aufgabe 2

Auch Luft wiegt etwas. 300 m³ wiegen etwa 390 kg. Der Raum der 7b ist 8 m lang, 6 m breit und 4 m hoch. Wie viel wiegt die Luft in diesem Raum?

Wie lauten die drei Sätze? Fülle das Schema aus!

Anzahl m³	Gewicht in kg

1. Satz:
2. Satz:
3. Satz:

Aufgabe 3

Herr Kiedenbopf zahlt für seine Wohnung mit 84 m² eine Miete von 525 €. Wie viel zahlt Herr Buildnix im selben Haus für eine Wohnung von 52 m²?

Wie lauten die drei Sätze? Fülle das Schema aus!

Anzahl m²	Preis in €

1. Satz:
2. Satz:
3. Satz:

... kinderleicht erklärt

Antiproportionale Zuordnungen 1

Eine Zuordnung heißt **antiproportional**, wenn gilt:

zum **Doppelten** der einen Größe gehört die **Hälfte** der anderen Größe,

zum **Dreifachen** der einen Größe gehört ein **Drittel** der anderen Größe,

zum **Vierfachen** der einen Größe gehört ein **Viertel** der anderen Größe, ...

Beispiel 1: Die Vorräte in einer Jugendherberge reichen für 8 Personen 12 Tage aus. Wenn in der Jugendherberge 24 Personen beköstigt werden, reichen die Vorräte nur 4 Tage aus.

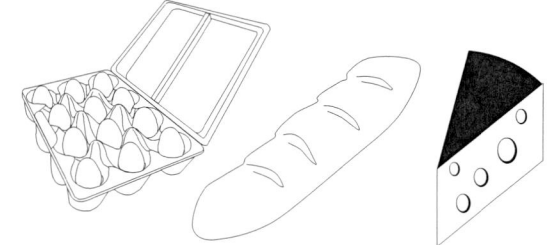

Beispiel 2:

Bauer Q. Fladen braucht zum Pflügen seiner Felder 10 Stunden, wenn er zwei Traktoren einsetzt. Wenn er vier Traktoren hätte, könnte die Arbeit in 5 Stunden erledigt sein.

Beispiel 3:

Gärtner Greenthumb beabsichtigt, ein Beet mit Blumen einzufassen. Pflanzt er sie im Abstand von jeweils 90 cm ein, braucht er 28 Blumenzwiebeln. Setzt er die Pflanzen im Abstand von 30 cm, braucht er 84 Blumenzwiebeln.

Aufgabe 1

Ergänze die Tabelle für das Beispiel 1.

Anzahl Personen	8	4	12	24
Zeit in Tagen	12			

Aufgabe 2

Ergänze die Tabelle für das Beispiel 2.

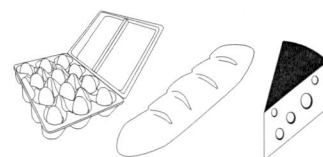

Anzahl Traktoren	2	1	4	5
Zeit in Stunden	10			

Aufgabe 3

Ergänze die Tabelle für das Beispiel 2.

Abstand in cm	90	45	30	120
Anzahl Zwiebeln	28			

Aufgabe 4

Der Futtervorrat von MacHorseapple reicht für seine 8 Pferde 36 Tage aus. Wie steht es um die Vorräte bei 12 Pferden? Fülle die Tabelle aus.

Anzahl Pferde	8	4	2	16	12	6	9
Anzahl Tage	36						

Antiproportionale Zuordnungen II

Bei einer antiproportionalen Zuordnung liegen die zu den
Zahlenpaaren gehörenden Punkte auf einer Kurve.
Man nennt diese Kurve **Hyperbel**.

Beispiel:

Oma Member braucht 12 Tage, um für ihre gesamte Familie
Strümpfe zu stricken.
Stelle dir bitte einmal vor, dass Oma Member
Nachbarinnen hat, die ihr beim Stricken helfen und die alle
genau so schnell wie sie mit den Nadeln
umgehen können.
Wie schnell werden jetzt die Strümpfe fertig?
Lies die Werte aus dem Schaubild ab
und ergänze die Antworten!

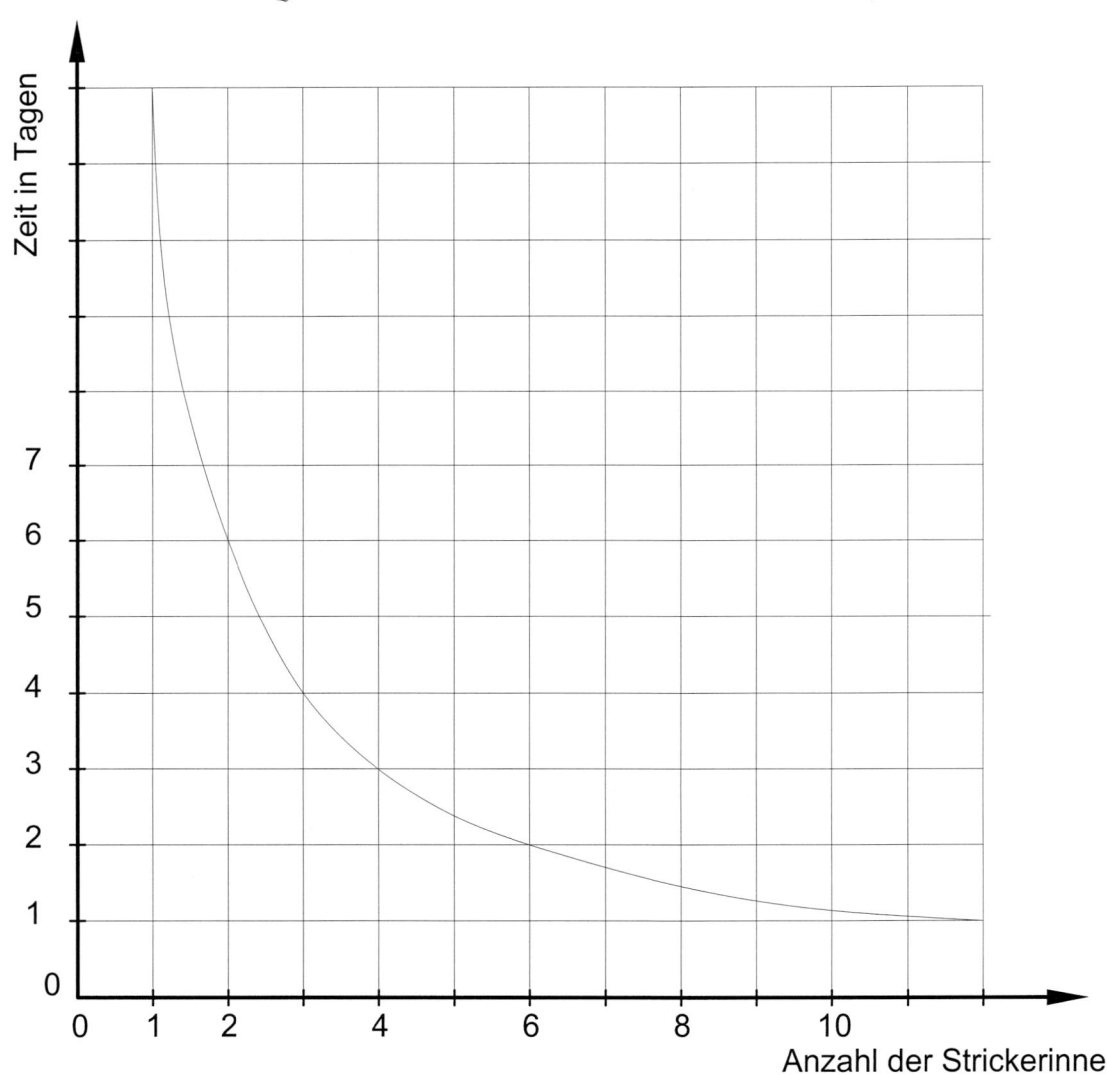

Antwort:
Wenn ihr eine Nachbarin hilft, brauchen beide ____ Tage.
Mit zwei Nachbarinnen dauert es ____ Tage.
Mit drei Nachbarinnen dauert es ____ Tage.
Mit _____ Nachbarinnen hätte Oma Zucker die Strümpfe in einem Tage fertig.

... kinderleicht erklärt

Dreisatz bei antiproportionalen Zuordnungen

Aufgaben bei antiproportionalen Zuordnungen löst du in drei Schritten.
1. Du schließt auf die Einheit durch Multiplizieren.
2. Du schließt auf die Mehrheit durch Dividieren.

Beispiel: 4 Programmierer, die im Team arbeiten, verplanen zur Erstellung eines Programmes 35 Arbeitstage. Die Arbeit soll schneller erledigt werden, indem man einen weiteren Programmierer beschäftigt. Wie viele Tage werden jetzt voraussichtlich benötigt, wenn keine zusätzlichen Probleme auftreten?

Mit drei Sätzen kommst du der Lösung auf die Spur.

1. Satz: 4 Programmierer benötigen 35 Arbeitstage.
2. Satz: 1 Programmierer benötigt [35 • 4 =] 140 Arbeitstage.
3. Satz: 5 Programmierer benötigen [140 : 5 =] 28 Arbeitstage.

Dieses Verfahren heißt **Dreisatz** oder **Schlußrechnung**, weil man zunächst auf die Einheit (1 Programmierer) und dann auf die Mehrheit (5 Programmierer) schließt.

Manchmal ist ein Schema ganz hilfreich:

	Anzahl Programmierer	Anzahl Arbeitstage	
: 4	4	35	• 4
	1	140	
• 5	5	28	: 5

Aufgabe 1 Ein Schwimmbecken wird durch 5 gleich starke Pumpen in 64 Minuten gefüllt. Eine Pumpe fällt aus. Wie lange dauert jetzt das Füllen?

Wie lauten die drei Sätze? Fülle das Schema aus!

Anzahl Pumpen	Zeit in Minuten

1. Satz:
2. Satz:
3. Satz:

Aufgabe 2 Die 3 Lkw von Barney Geröllheimer brauchen 24 Tage, um eine Müllhalde abzutransportieren. Wie lange brauchen 4 Lastwagen?

Wie lauten die drei Sätze? Fülle das Schema aus!

Anzahl Lkw	Anzahl Tage

1. Satz:
2. Satz:
3. Satz:

Aufgabe 3 Neun Industrieroboter fertigen 2000 Teile in 10 Stunden. Dieselbe Anzahl soll in 6 Stunden produziert werden. Wie viele Roboter braucht man?

Wie lauten die drei Sätze? Fülle das Schema aus!

Anzahl Stunden	Anzahl Roboter

1. Satz:
2. Satz:
3. Satz:

GRUNDWISSEN MATHEMATIK KLASSE 7

Pro, anti oder nix von beiden

Woran kannst du merken, ob eine Zuordnung proportional oder antiproportional ist?

Faustregel (die aber nicht immer stimmt):
Proportionale Zuordnungen lassen sich durch
»Je mehr - desto mehr« bzw. »Je weniger - desto weniger« beschreiben.
Antiproportionale Zuordnungen lassen sich durch
»Je mehr - desto weniger« bzw. »Je weniger - desto mehr« beschreiben.

Diese Rough-and-Ready-Rule stimmt aber nicht immer, weil es manchmal völlig unsinnige Aufgaben gibt, die man nach einem Schema nicht lösen kann. Da hilft nur der gesunde Menschenverstand.

Beispiele: Fünf Musiker spielen einen Marsch in 8 Minuten. Wie lange brauchen 4 Musiker dafür? Dir dürfte klar sein, dass die vier Musiker für denselben Marsch nicht längere Zeit brauchen, oder?

Im Alter von 5 Jahren hatte Charly Klapper 16 Zähne. Wie viele Zähne wird er haben, wenn er 20 Jahre alt ist? Wenn alles gut geht, hat er dann sein bleibendes Gebiss mit 32 Zähnen und nicht etwa 64 Zähne, wie man meinen könnte, wenn man den Dreisatz konsequent anwendet.

Aufgabe 1 Begründe, warum es bei den folgenden Aufgaben wenig Sinn macht, den Dreisatz anzuwenden.

Chefkoch Hotdog braucht für seinen Geflügelsalat 10 hart gekochte Eier. Fünf Eier, das weiß er, müssen sechs Minuten ins kochende Wasser. Wie soll er das bloß mit 10 Eiern machen?

Franzl Backenhauer hatte für seinen Verein 1. FC Kniescheibe in den ersten 15 Minuten des Spiels 2 Tore erzielt. Wie lautet der Endstand des Spiels nach 90 Minuten offizieller Spielzeit?

Derselbe Franzl war, als er mit 12 Jahren in der 3. Jugendmannschaft spielte, 1,20 m groß und 48 kg schwer. Wie groß und wie schwer ist er heute im Alter von 24 Jahren?

Heute als Profi kann Franzl Backenhauer über seine Schulzeit nur milde lächeln. An seiner Schule gab es 25 Lehrer und Lehrerinnen. Seinen Abschluss bekam Franzl nach 10 Jahren. Wie lange hätte es mit seinem Abschluss gedauert, wenn 50 Lehrer und Lehrerinnen an dieser Schule unterrichtet hätten?

... kinderleicht erklärt

Pro, anti oder nix von beiden

Aufgabe 2

Welche Aufgaben enthalten proportionale oder antiproportionale Zuordnungen und lassen sich mit dem Dreisatz lösen? Kreuze entsprechend an und trage deine Lösung ein. Bei richtiger Lösung ergeben die Kennbuchstaben ein englisches Sprichwort.

	proportional	anti-proportional	weder - noch
Bäckermeister Heiner Stutenkerl backt aus einer Teigmenge 40 Brote zu je 750 g. Wie viele Brote zu je 500 g kann er aus dieser Teigmenge herstellen?	S	T	B
Doris Decker produzierte im 1. Satz gegen Andrea Gassi 7 Asse. Sie spielten drei Sätze. Wie viele Asse waren es insgesamt für Doris Decker?	O	T	H
Bei 36 Stunden Arbeit verdiente H. Aurein 432 €. Letzte Woche hat er nur 324 € verdient. Wie viele Stunden hat er gearbeitet?	O	R	U
Gastwirt Stan Suurbier kauft 400 Flaschen Wein beim Winzer T. Raube für 2600 €. Sein Kollege Willi Winepansch bestellt 440 Flaschen. Wie viel bezahlt er?	U	P	N
Bauer A. Sparagus kann seine Spargelfelder von 7 Helfern in acht Stunden bearbeiten lassen. Leider sind aber 3 seiner Helfer erkrankt. Wie lange dauert es jetzt?	I	G	T
Vertreter Harry Drivemal tankt 52 Liter Super Plus für 117 €. Wie viel kosten 44 Liter Super Plus an der gleichen Tankstelle?	H	D	O
Bauer Q. Fladens Futtervorräte für seine 40 Kühe reichen noch 12 Wochen aus. Wie viele Rinder muss er verkaufen, wenn er 15 Wochen mit seinen Futtervorräten auskommen will?	I	T	B
Koch Karlchen Boilnix kocht 15 Kartoffeln der Sorte Hansa in 25 Minuten gar. Wie lange braucht er, um 25 Kartoffeln derselben Sorte gar zu kochen?	T	E	I
Ein großes Grundstück wird in 34 gleich große Bauplätze zu je 380 m² aufgeteilt. Die Anzahl der Bauplätze wird auf 40 erhöht. Wie groß ist jetzt jeder Bauplatz?	W	S	Y
Aus 24 ausgereiften Apfelsinen erhält man 2 Liter Bollentrinasaft. Wie viele Früchte benötigt man für 60 Liter dieses Saftes?	F	G	I
Der Wanderverein »No Harry« legte in 5 Stunden 24 km zurück. Bis zum Ziel sind es weitere 14,4 km. Wie lange müssen sie noch wandern, wenn sie dasselbe Tempo beibehalten?	R	A	L
Busunternehmer Harry Vehikel vermietet seinen Bus zu einem Festpreis. Bei 54 Personen zahlt jeder 36 €. Bei einem Ausflug nahmen nur 45 Personen teil. Wie viel zahlt jeder?	D	E	I
12 Flaschen Tunika Ekstase kosten 7,20 €. Wie teuer sind 7 Flaschen dieser köstlichen Limonade?	E	N	Y

Rationale Zahlen

Bei Temperaturen, Kontoständen und Höhenniveaus gibt es Angaben »über Null« und »unter Null«. Für Angaben »über Null« verwendet man **positive Zahlen**, für Angaben »unter Null« **negative Zahlen**. Negative Zahlen kennzeichnest du durch das **Vorzeichen** »minus« (−), positive Zahlen durch das Vorzeichen »plus« (+). Oft verzichtet man aber auf das Vorzeichen + und schreibt statt + 5 nur 5.

Aufgabe 1

Schneide Teil 1 aus. Ritze vorsichtig mit einem Cuttermesser die 9 Führungs-schienen (an und ziehe Teil 1 ein. Es lässt sich dann leicht nach oben und unten bewegen.

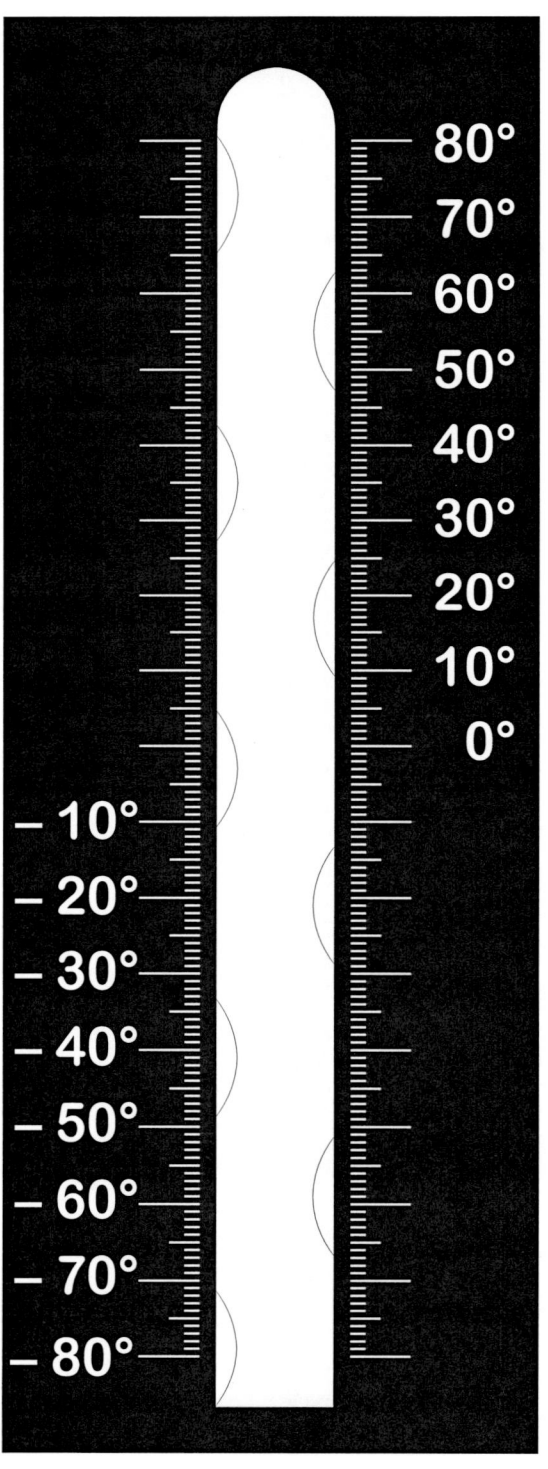

Teil 1 ✂

Arbeite mit deinem Nachbarn zusammen. Abwechselnd stellt ihr Temperaturen ein, die ihr euch gegenseitig nennt, z. B.

17° über Null oder + 17° (17°)
5° unter Null oder − 5°

Aufgabe 2

a) Das Thermometer steht auf 6°.
   Die Temperatur sinkt um 8°.
   Wo steht das Thermometer jetzt?

b) Das Thermometer steht auf − 12°.
   Die Temperatur steigt um 5°.
   Wo steht das Thermometer jetzt?

c) Das Thermometer steht auf − 4°.
   Die Temperatur sinkt um 14°.
   Wo steht das Thermometer jetzt?

d) Das Thermometer steht auf − 3°.
   Die Temperatur steigt um 7°.
   Wo steht das Thermometer jetzt?

e) Das Thermometer steht auf 6°.
   Die Temperatur sinkt um 8°.
   Wo steht das Thermometer jetzt?

f) Das Thermometer steht auf 34°.
   Die Temperatur sinkt um 19°.
   Wo steht das Thermometer jetzt?

g) Das Thermometer steht auf 0°.
   Die Temperatur sinkt um 25°.
   Wo steht das Thermometer jetzt?

h) Das Thermometer steht auf 11°.
   Die Temperatur sinkt um 11°.
   Wo steht das Thermometer jetzt?

Erfinde weitere Aufgaben und stelle sie deinem Nachbarn.

So erweiterst du den Zahlenstrahl

Du kannst den dir bekannten Zahlenstrahl erweitern, indem du ihn an der Null spiegelst:

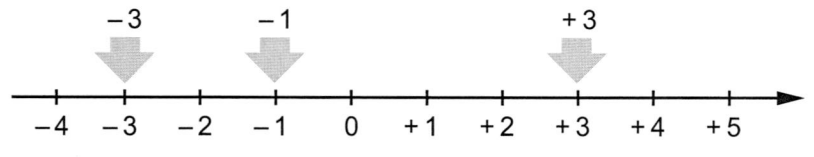

negative ganze Zahlen   *positive ganze Zahlen*

Rechts von der Null stehen die positiven ganzen Zahlen, links von der Null stehen die negativen ganzen Zahlen. Die Menge der **natürlichen Zahlen** $\mathbb{N} = \{0, 1, 2, 3, ...\}$ wird durch die Menge der **negativen ganzen Zahlen** $\{-1, -2, -3, ...\}$ zur Menge der **ganzen Zahlen** $\mathbb{Z} = \{..., -3, -2, -1, 0, 1, 2, 3, ...\}$ erweitert.

Aufgabe 1 Welche Zahlen sind auf dem Zahlenstrahl dargestellt?

a) _____ b) _____ c) _____ d) _____ e) _____ f) _____ g) _____

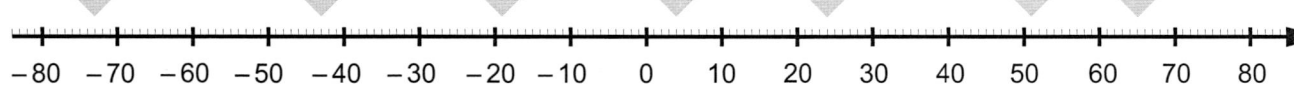

Aufgabe 2 Welche Zahlen sind auf dem Zahlenstrahl dargestellt?

a) _____ b) _____ c) _____ d) _____ e) _____ f) _____ g) _____

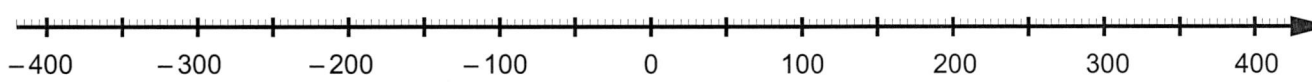

Aufgabe 3 Kennzeichne die folgenden Zahlen durch einen Pfeil und den entsprechenden Buchstaben auf dem Zahlenstrahl.

a) −205   b) 260   c) −35   d) 140   e) −390   f) −110   g) 375

Aufgabe 4 Kennzeichne die folgenden Zahlen durch einen Pfeil und den entsprechenden Buchstaben auf dem Zahlenstrahl!

a) −72   b) 126   c) −148   d) 66   e) −102   f) 150   g) −124

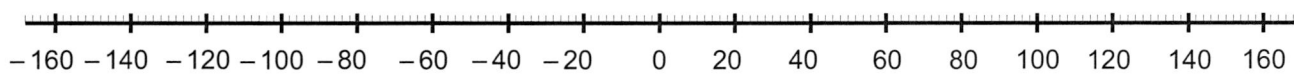

So erweiterst du den Zahlenstrahl II

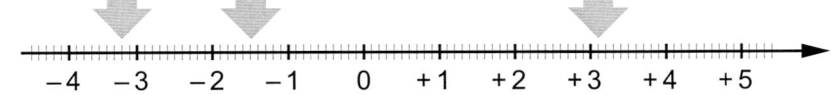

Am Zahlenstrahl kannst du aber auch Zahlen wie $-3,2$; $+3,1$; $-1\frac{1}{2}$ darstellen.

Zahlen wie $-3,9$; $+2,6$; $-2\frac{3}{5}$; $+8$; $+5\frac{1}{2}$; 0; -8 heißen **rationale Zahlen**.

Also alle **positiven** und **negativen Bruchzahlen**, einschließlich aller **ganzen Zahlen**, bilden die Menge der rationalen Zahlen Q.

Aufgabe 1 Welche Zahlen sind auf dem Zahlenstrahl dargestellt?

a) _____ b) _____ c) _____ d) _____ e) _____ f) _____ g) _____

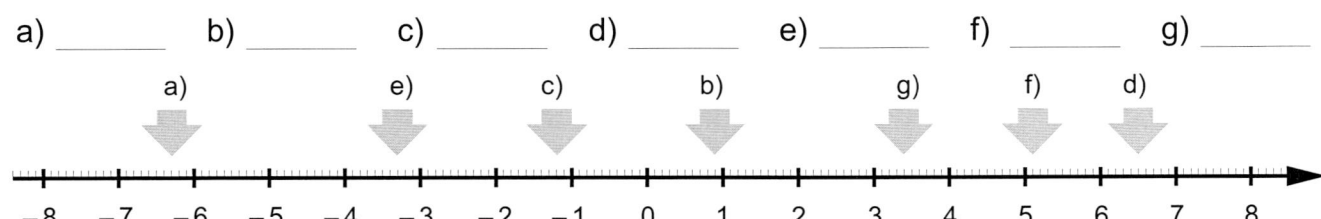

Aufgabe 2 Welche Zahlen sind auf dem Zahlenstrahl dargestellt?

a) _____ b) _____ c) _____ d) _____ e) _____ f) _____ g) _____

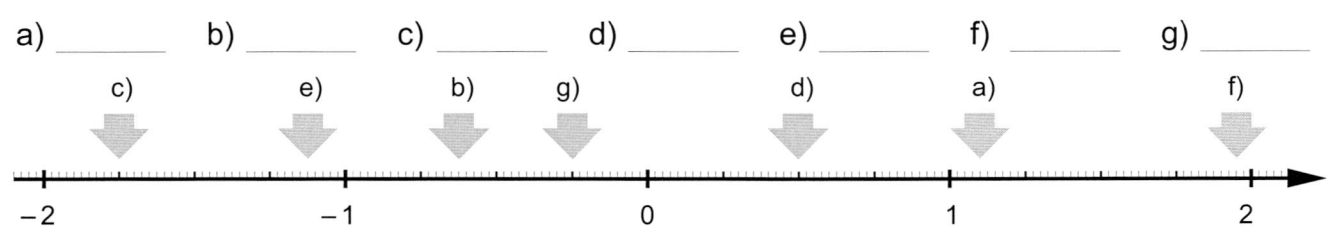

Aufgabe 3 Kennzeichne die folgenden Zahlen durch einen Pfeil und den entsprechenden Buchstaben auf dem Zahlenstrahl.

a) $-2,4$ b) $2,7$ c) $-0,6$ d) $1,5$ e) $-3,55$ f) $-1,15$ g) $3,85$

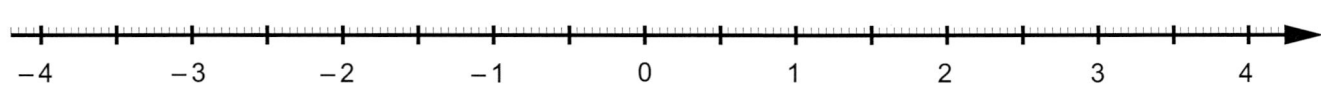

Aufgabe 4 Kennzeichne die folgenden Zahlen durch einen Pfeil und den entsprechenden Buchstaben auf dem Zahlenstrahl.

a) $-1,1$ b) $6\frac{1}{2}$ c) $-7\frac{2}{5}$ d) $2,2$ e) $-4,4$ f) $7\frac{8}{10}$ g) $-2,7$

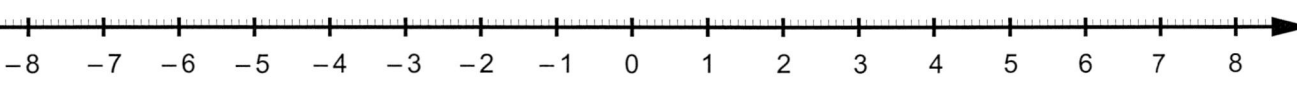

Betrag – Zahl und Gegenzahl

$-3,1$; $+3,1$; $-1\frac{1}{2}$ und $+1\frac{1}{2}$ haben auf der Zahlengeraden denselben Abstand zur Zahl Null.

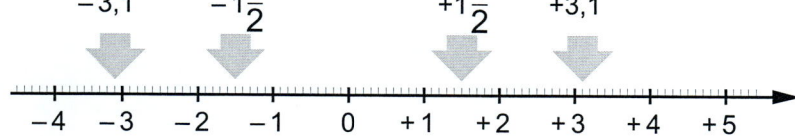

Den Abstand einer rationalen Zahl zur Zahl Null nennt man den **Betrag** und schreibt dafür $|-3,1| = 3,1$; $|+3,1| = 3,1$; $|-1\frac{1}{2}| = 1\frac{1}{2}$; $|+1\frac{1}{2}| = 1\frac{1}{2}$.

Zwei verschiedene Zahlen, die denselben Abstand zur Zahl Null haben, nennt man auch **Gegenzahlen**. Sie haben stets den gleichen Betrag.

$-3,1$ ist die Gegenzahl zu $+3,1$, $+1,5$ ist die Gegenzahl zu $-1,5$.

Aufgabe 1 Markiere auf dem Zahlenstrahl die Gegenzahl durch einen Pfeil und den entsprechenden Buchstaben.

a) _____ $+5,3$ b) _____ $-1,1$ c) _____ $+1,7$ d) _____ $-6,5$ e) _____ $+3,6$ f) _____ $-7,9$ g) _____ $-4,4$

```
-8  -7  -6  -5  -4  -3  -2  -1   0   1   2   3   4   5   6   7   8
```

Aufgabe 2 Richtig oder falsch? Markiere die entsprechenden Silben und du erhältst bei richtiger Lösung ein englisches Sprichwort.

	richtig	falsch
Die Gegenzahl von $-17,8$ ist $+17\frac{7}{10}$	tr	iD
Die Zahl -53 hat von der Null denselben Abstand wie $+53$	Le	u
Die Zahlen $+11$ und -11 haben den Betrag 11	ne	th
Die Addition der Beträge von $+11$ und -11 ergibt -22	is	ss
Die Zahl -1000 liegt auf der Zahlengerade genau so weit entfernt wie $+1001$	st	is
Auf der Zahlengerade liegt $-3,5$ auf der Mitte zwischen $+3$ und -4	ra	th
$|-150|-|-80| = 70$	e	ng
$|-3,2|+|+3,7| = 0,5$	er	ro
$|-3,2| = |+3\frac{1}{5}|$	ot	th
Der Betrag von -7 ist 7	of	an
Die Gegenzahl von $3000\,€$ Schulden bedeutet $3000\,€$ Guthaben	al	fi
-6; $+5$; $-3,2$; $+4$ sind Zahlen, deren Betrag kleiner ist als 3	ct	Le
Die Addition einer Zahl und ihrer Gegenzahl ergibt Null	v	i
$|-6,5| > |-7,1|$	on	iL

GRUNDWISSEN MATHEMATIK KLASSE 7

... kinderleicht erklärt

Ordnen von rationalen Zahlen

Von zwei Zahlen ist diejenige Zahl größer, die weiter rechts auf dem Zahlenstrahl liegt.

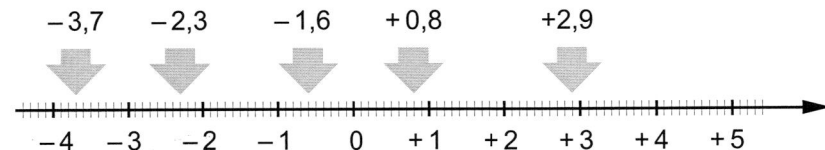

$$-3,7 \quad -2,3 \quad -1,6 \quad +0,8 \quad +2,9$$

Auf der Zahlengeraden liegt $-2,3$ rechts von $-3,1$. Also ist $-3,1 < -2,3$.

$-1,6$ liegt auf der Zahlengeraden links von $+0,8$, also ist $-1,6 < +0,8$.

Aufgabe 1 Setze das richtige Zeichen ($<$, $>$) ein.

a) $-34,5$ ⬜ $-35,4$ b) $-2,5$ ⬜ $-2,4$ c) $-14,5$ ⬜ $+12,5$

d) $-67,5$ ⬜ $-66,9$ e) $+17,6$ ⬜ $+12,7$ f) $+11,1$ ⬜ $-0,98$

Aufgabe 2 Ordne die Zahlen der Größe nach. Notiere dein Ergebnis als Kette mit dem $<$-Zeichen.

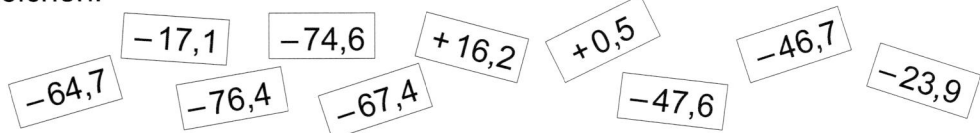

$-64,7 \quad -17,1 \quad -74,6 \quad +16,2 \quad +0,5 \quad -46,7$
$-76,4 \quad -67,4 \quad -47,6 \quad -23,9$

Aufgabe 3 Ordne die Geburtsjahre. Beginne mit dem frühesten Jahr.

Albert Einstein
1879 - 1955

Charles Darwin
1809 - 1882

Galileo Galilei
1564 - 1642

Sir Isaac Newton
1643 - 1727

Thomas Edison
1847 - 1931

Aufgabe 4 Stelle eine Reihenfolge der geschichtlichen Daten auf. Beginne mit dem am weitesten zurückliegenden Ereignis.

585 v. Chr. Thales von Milet berechnet eine Sonnenfinsternis voraus

535 v. Chr. Einführung des Abakus in Griechenland

325 v. Chr. Euklid von Alexandria schreibt 13 Bücher der »Elemente«, u. a. über Geometrie

1100 v. Chr. Chou-kung in China misst mit dem Schattenstab die Schiefe der Sonnenbahn

175 n. Chr. Inder kennen dezimales Zahlensystem

2200 v. Chr. Tontafeln aus Babylon mit Aufzählung von Grundstücken sowie Maßangaben und Berechnungen in Keilschrift

75 n. Chr. Heron aus Alexandria misst Höhen trigonometrisch

Das Koordinatensystem I

Wenn du in dem dir bekannten Quadratgitter die Rechtsachse nach links und die Hochachse nach unten verlängerst und sie mit negativen Zahlen versiehst, dann entsteht ein sogenanntes **Koordinatensystem**. Die so entstandenen Geraden sind die **Koordinatenachsen** und sie teilen die Zeichenebene in vier Felder ein, die man **Quadranten** nennt.

Die Lage eines Punktes wird durch seine Koordinaten bestimmt.
Die 1. Koordinate gibt an, in welche Richtung du nach rechts oder links vom Ursprung gehen musst (+ nach rechts, – nach links), die 2. Koordinate bestimmt, ob du dich nach oben (+) oder nach unten (–) bewegen sollst. Nimm einmal den Punkt A. Du musst zwei Einheiten nach rechts (+2) und drei Einheiten nach oben (+3).

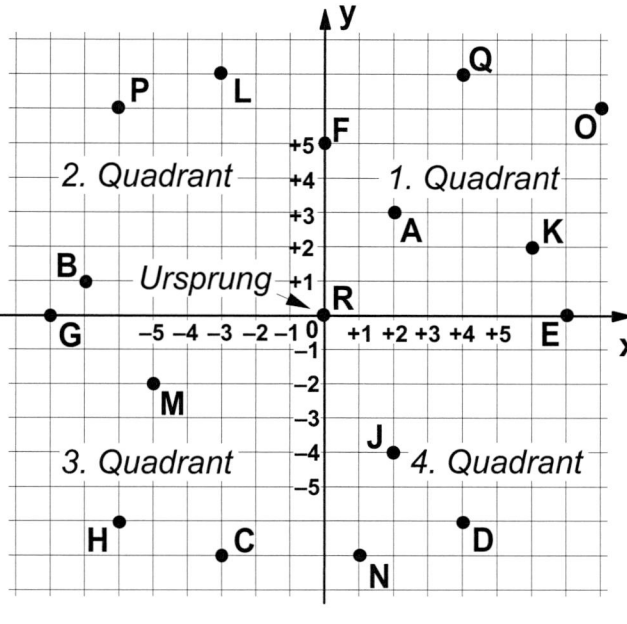

A hat also die Koordinaten (+2|+3), B hat die Koordinaten (–7|+1), E hat die Koordinaten (+7|0).

Aufgabe 1 Bestimme die Koordinaten der anderen eingezeichneten Punkte.

C(|), D(|), F(|), G(|), H(|),

J(|), K(|), L(|), M(|), N(|),

O(|), Q(|), R(|).

Aufgabe 2 In welchem Quadranten liegt der Punkt

$A_1(+3 \mid -4)$?

$A_2(+1 \mid +6)$?

$A_3(-7 \mid -9)$?

$A_4(-1 \mid +4)$?

$A_5(+6 \mid -9)$?

$A_6(+5 \mid +5)$?

$A_7(-6 \mid -4)$?

$A_8(-8 \mid +1)$?

Aufgabe 3 Fülle die Tabelle aus.

	Vorzeichen der	
	1. Koordinate	2. Koordinate
1. Quadrant		
2. Quadrant		
3. Quadrant		
4. Quadrant		

GRUNDWISSEN MATHEMATIK KLASSE 7

Das Koordinatensystem II

Zeichne die angegebenen Punkte in ein Koordinatensystem und verbinde sie. Sei aber vorsichtig, man kann leicht durcheinander kommen. Du kannst dein Bild farbig ausmalen.

1. Figur:

$(-6|-3)-(-5|+2)-(-7|0)-(-6|+4)-(-7|+1)-(-7|+3)-(-8|+2)-(-6|-3)-(-8|-1)-$
$(-8|-3)-(-6|-3)-(-5|-1)-(-5|-2)-(-6|-3)-(-3|-2)-(-2|-3)-(-3|-4)-(-6|-3)-$
$(-4|-5)-(-6|-4)-(-5|-8)-(-7|-4)-(-6|-3)$

2. Figur:

$(-2|+5)-(-1|+4)-(-1|+5)-(0|+4)-(0|+1)-(+1|+4)-(+1|+5)-(+2|+4)-(+2|+5)-$
$(0|+6)-(-1|+6)-(-3|+7)-(-4|+7)-(-5|+6)-(-5|+5)-(-4|+4)-(-4|+5)-(-3|+5)-$
$(-1|+3)-(-2|+2)-(0|+2)-(-1|+1)-(+1|+1)-(+3|-2)-(+4|-7)-(+5|-8)-(+5|-6)-$
$(+4|+2)-(+5|+2)-(+2|+5)-(+3|+2)-(+2|+3)-(+3|+1)-(+1|+3)-(+2|+1)-(0|+3)-$
$(+3|-1)-(+4|-6)-(+4|-2)-(+3|+3)$

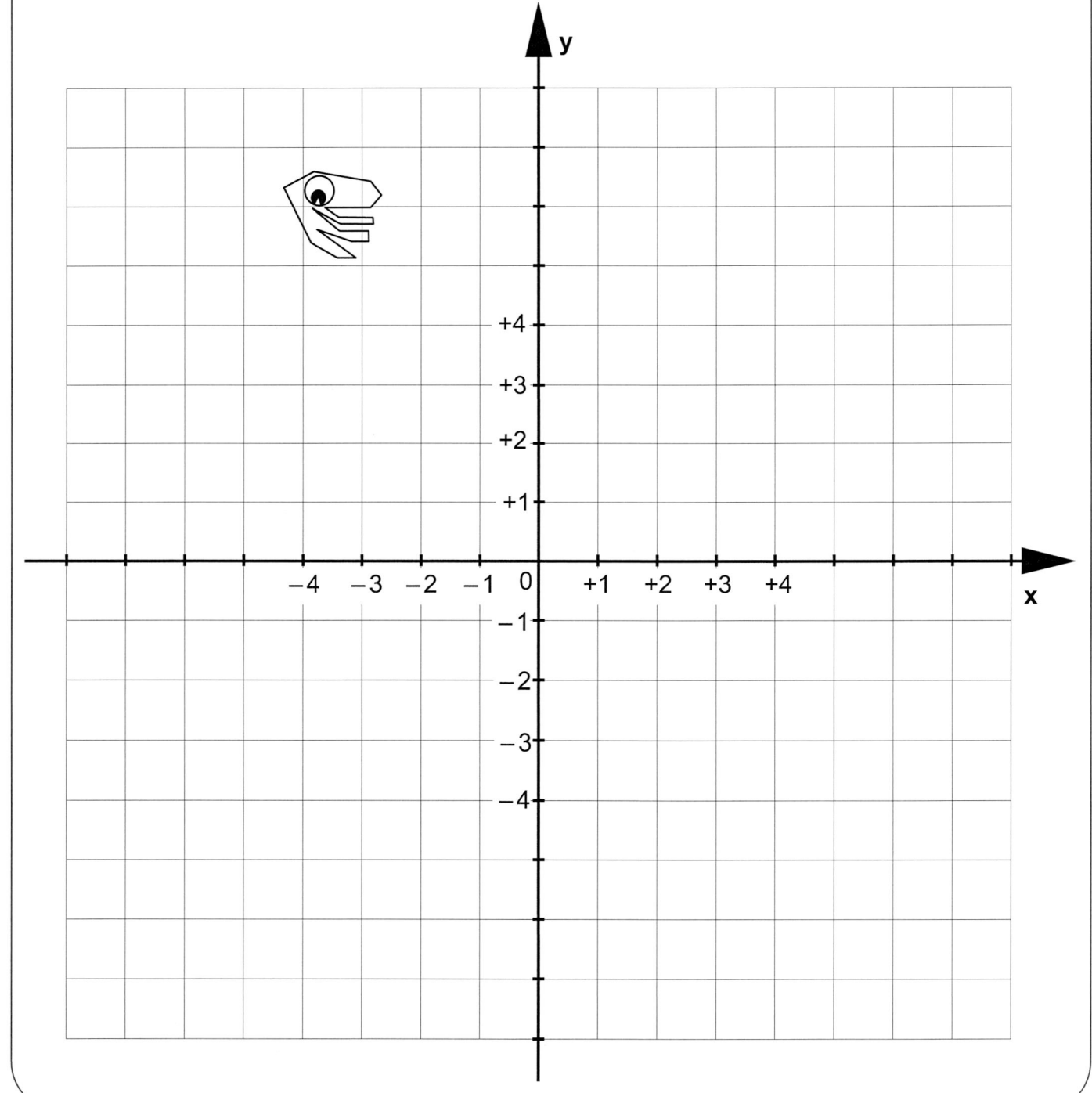

... kinderleicht erklärt

Additions- und Subtraktionsregeln für rationale Zahlen

Additionsregel für rationale Zahlen mit gleichen Vorzeichen

(1) Setze zuerst das gemeinsame Vorzeichen.

(2) Addiere die Beträge.

Beispiele: $(+23)+(+14)=+37$ $\qquad$ $(-47)+(-18)=-65$

Additionsregel für rationale Zahlen mit verschiedenen Vorzeichen

(1) Setze das Vorzeichen, das bei der Zahl mit dem größeren Betrag steht.

(2) Subtrahiere vom größeren Betrag den kleineren Betrag.

Beispiele: $(-23)+(+14)=-9$ $\qquad$ $(+47)+(-18)=+29$

Aufgabe 1

Addiere im Kopf.

a) $(-3,5)+(+7,2)=$

b) $(+16,1)+(+11,6)=$

c) $(-7\frac{1}{3})+(-8\frac{5}{6})=$

d) $(+6\frac{1}{2})+(-11\frac{3}{4})=$

e) $(-112)+(+389)=$

f) $(+6,15)+(-9,02)=$

g) $(+16\frac{1}{2})+(-7,2)=$

h) $(-113,9)+(-87,4)=$

i) $(+0,578)+(-0,482)=$

j) $(-3\frac{11}{15})+(+1\frac{1}{3})=$

Subtraktionsregel für rationale Zahlen

Du subtrahierst eine rationale Zahl, indem du die Gegenzahl addierst.

Beispiele: $(+23)-(+14)=(+23)+(-14)=+9$

$(-56)-(+21)=(-56)+(-21)=-77$

$(-47)-(-18)=(-47)+(+18)=-29$

$(+63)-(-26)=(+63)+(+26)=+89$

Aufgabe 2

Subtrahiere, indem du die Gegenzahl addierst.

a) $(-9,5)-(+2,7)=$

b) $(-5\frac{3}{4})-(-7\frac{3}{8})=$

c) $(+357)-(+431)=$

d) $(+0,876)-(-0,478)=$

e) $(-3\frac{4}{5})-(+8\frac{1}{2})=$

f) $(-12,3)-(-36,2)=$

g) $(-11,5)-(+23\frac{1}{2})=$

h) $(+83,5)-(+19,8)=$

i) $(-0,674)-(-0,792)=$

j) $(+49,3)-(-52\frac{4}{5})=$

Rechenscheibe: Addition rationaler Zahlen

Du sollst dir ein Übungsgerät mit 30 Aufgaben zur Addition rationaler Zahlen basteln.
Schneide also entlang der Scherensymbole die äußere Hülle aus. Ritze die Klebefalze mit einem Cuttermesser vorsichtig an, damit sie sich besser umknicken lassen.
Schneide die zwei Fenster mit dem Cuttermesser aus. In diesen Fenstern sind die Aufgaben bzw. die Lösungen zu sehen.

anritzen, dann umknicken

Laschen anschneiden und nach unten klappen. Gelochte Drehscheibe mit Aufgaben aufsetzen (Rückseite Lösung). Laschen wieder runterklappen, Klebstoff auf Klebefalze und Laschen aufbringen und mit Vorderteil verkleben.

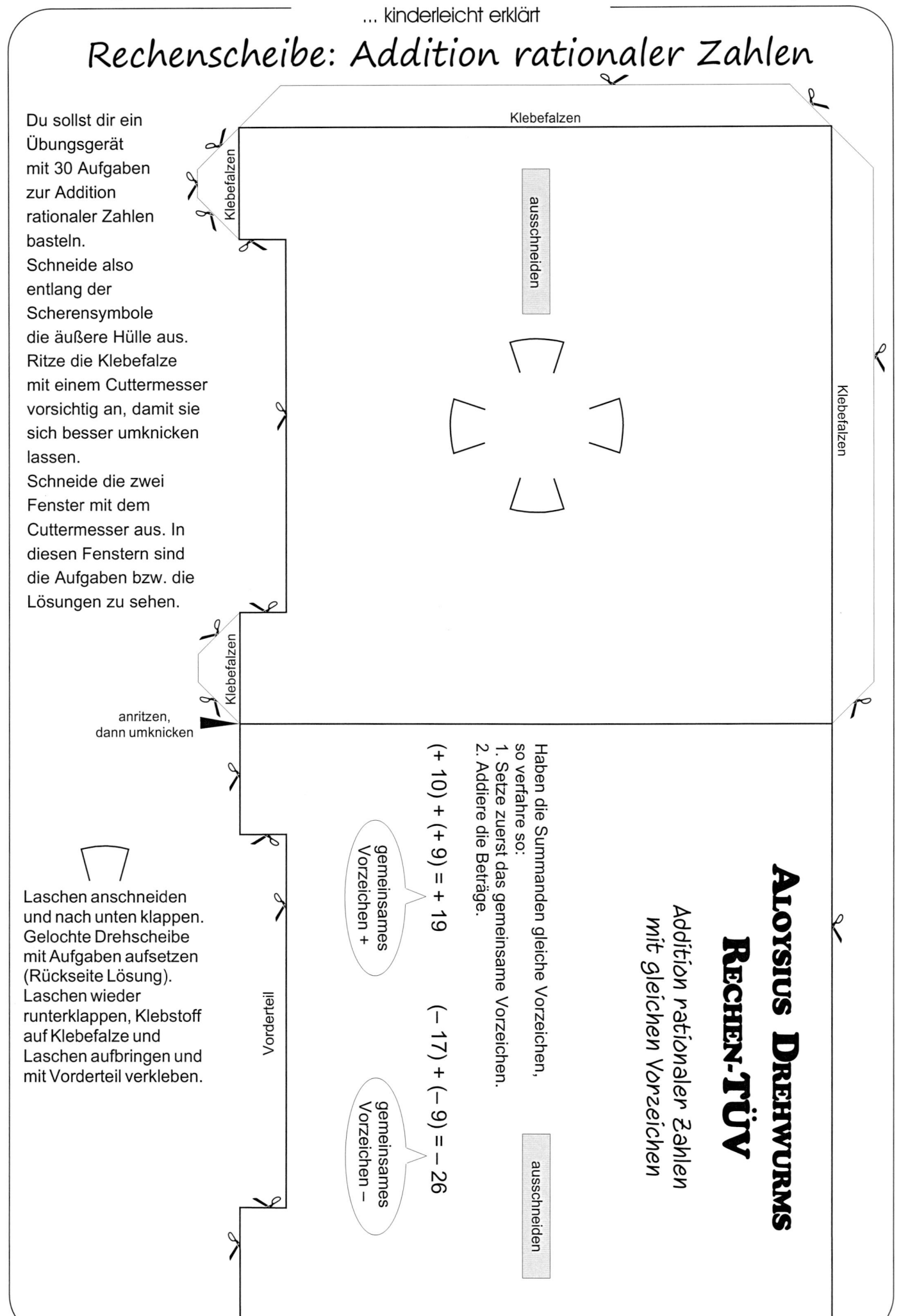

Klebefalzen

ausschneiden

Klebefalzen

Klebefalzen

Vorderteil

Haben die Summanden gleiche Vorzeichen, so verfahre so:
1. Setze zuerst das gemeinsame Vorzeichen.
2. Addiere die Beträge.

$(+10) + (+9) = +19$

gemeinsames Vorzeichen +

$(-17) + (-9) = -26$

gemeinsames Vorzeichen −

ALOYSIUS DREHWURMS RECHEN-TÜV

Addition rationaler Zahlen mit gleichen Vorzeichen

ausschneiden

... kinderleicht erklärt

Rechenscheibe: Addition rationaler Zahlen

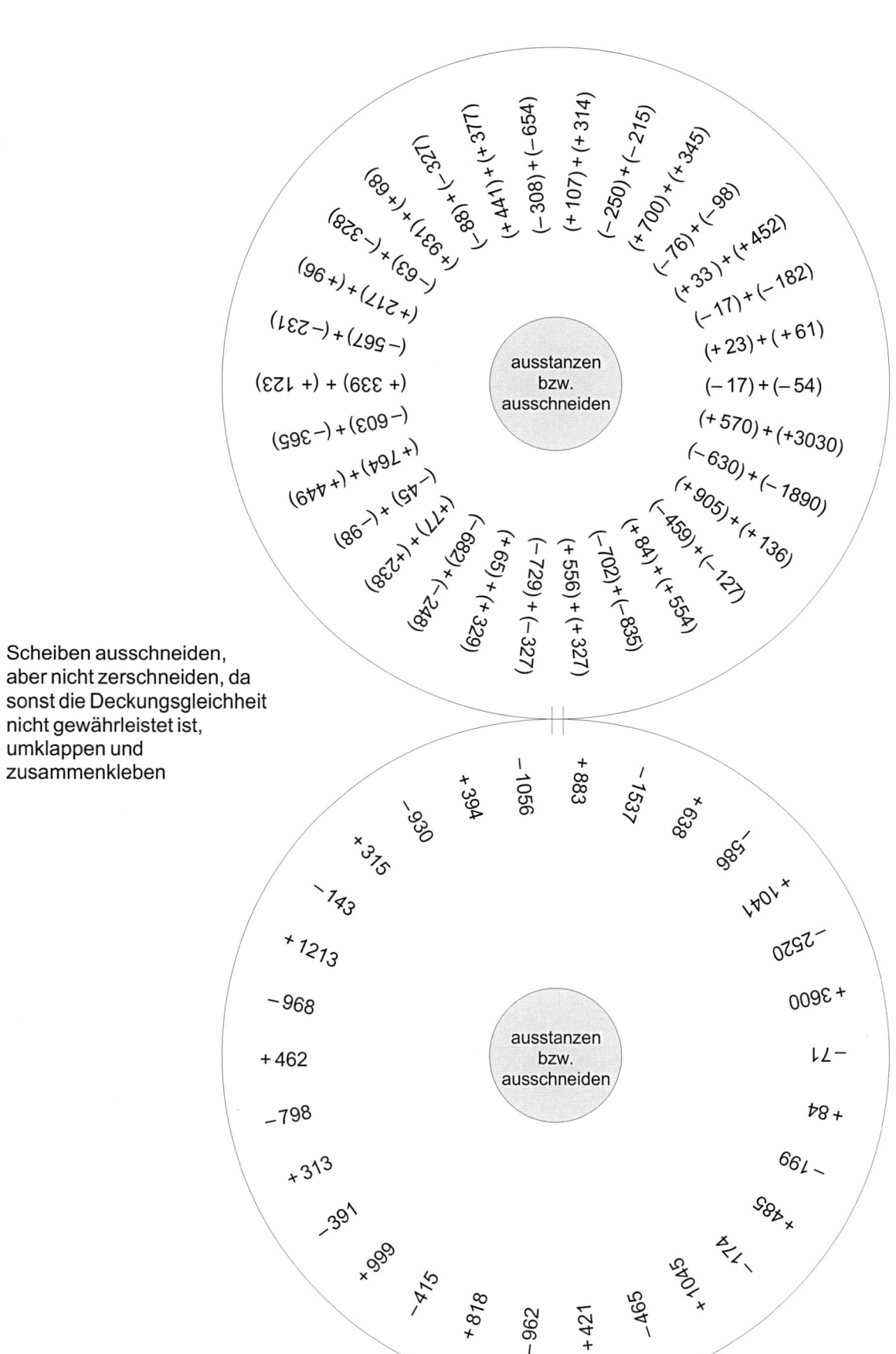

Scheiben ausschneiden, aber nicht zerschneiden, da sonst die Deckungsgleichheit nicht gewährleistet ist, umklappen und zusammenkleben

Rechenscheibe: Addition rationaler Zahlen

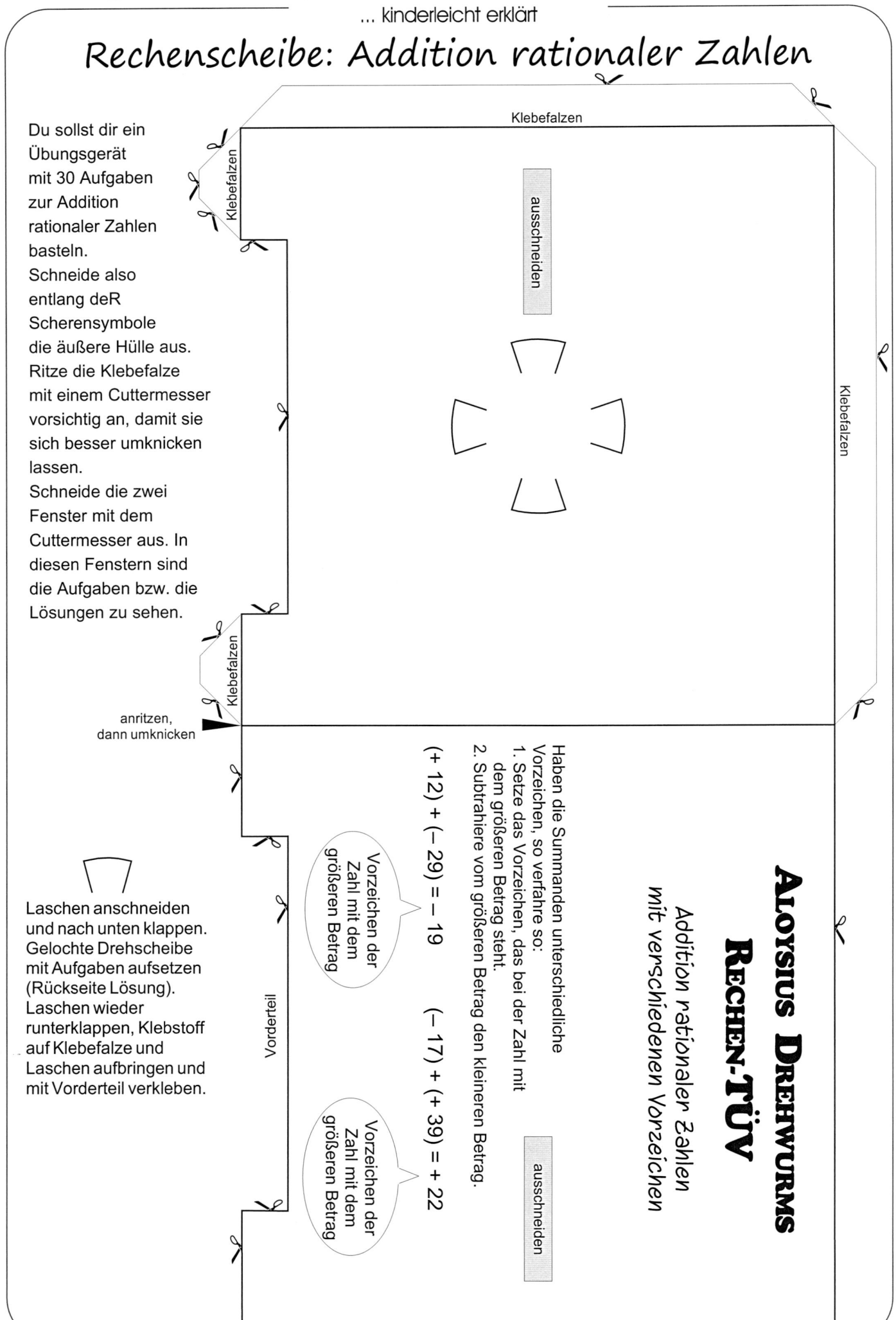

Du sollst dir ein Übungsgerät mit 30 Aufgaben zur Addition rationaler Zahlen basteln.
Schneide also entlang deR Scherensymbole die äußere Hülle aus.
Ritze die Klebefalze mit einem Cuttermesser vorsichtig an, damit sie sich besser umknicken lassen.
Schneide die zwei Fenster mit dem Cuttermesser aus. In diesen Fenstern sind die Aufgaben bzw. die Lösungen zu sehen.

Klebefalzen

ausschneiden

Klebefalzen

Klebefalzen

anritzen, dann umknicken

Laschen anschneiden und nach unten klappen. Gelochte Drehscheibe mit Aufgaben aufsetzen (Rückseite Lösung). Laschen wieder runterklappen, Klebstoff auf Klebefalze und Laschen aufbringen und mit Vorderteil verkleben.

Vorderteil

Klebefalzen

Haben die Summanden unterschiedliche Vorzeichen, so verfahre so:
1. Setze das Vorzeichen, das bei der Zahl mit dem größeren Betrag steht.
2. Subtrahiere vom größeren Betrag den kleineren Betrag.

$(+12) + (-29) = -19$

$(-17) + (+39) = +22$

Vorzeichen der Zahl mit dem größeren Betrag

Vorzeichen der Zahl mit dem größeren Betrag

ausschneiden

ALOYSIUS DREHWURMS RECHEN-TÜV

Addition rationaler Zahlen mit verschiedenen Vorzeichen

Rechenscheibe: Addition rationaler Zahlen

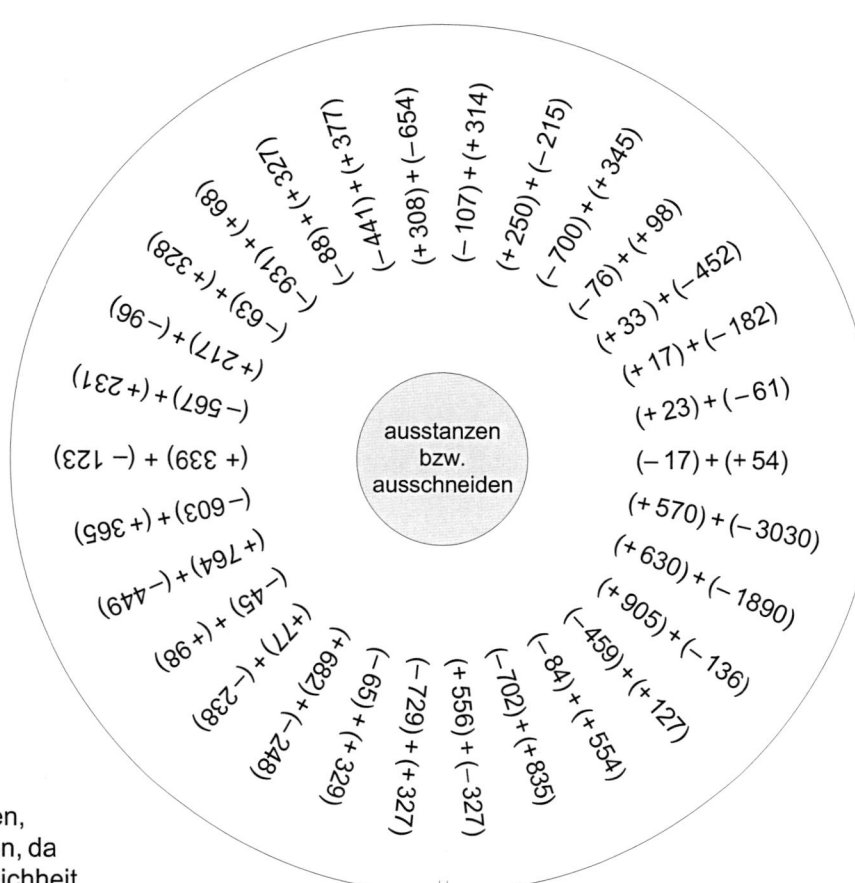

Scheiben ausschneiden,
aber nicht zerschneiden, da
sonst die Deckungsgleichheit
nicht gewährleistet ist,
umklappen und
zusammenkleben

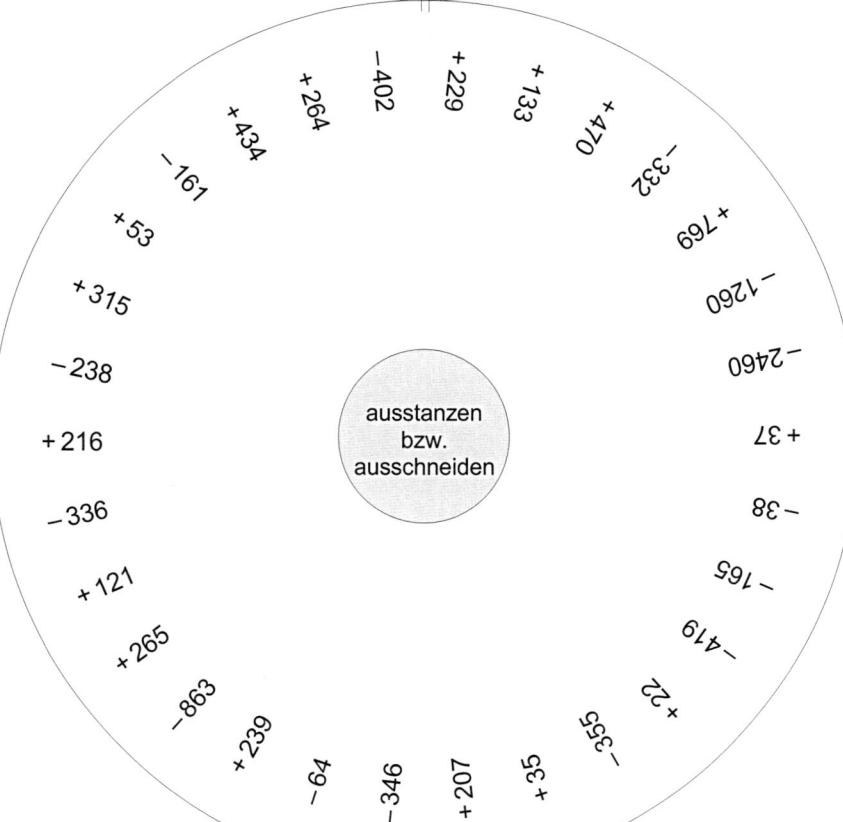

Rechenscheibe: Subtraktion rationaler Zahlen

Du sollst dir ein Übungsgerät mit 30 Aufgaben zur Subtraktion rationaler Zahlen basteln.
Schneide also entlang der Scherensymboler die äußere Hülle aus. Ritze die Klebefalzer mit einem Cuttermesser vorsichtig an, damit sie sich besser umknicken lassen.
Schneide die zwei Fenster mit dem Cuttermesser aus. In diesen Fenstern sind die Aufgaben bzw. die Lösungen zu sehen.

Laschen anschneiden und nach unten klappen. Gelochte Drehscheibe mit Aufgaben aufsetzen (Rückseite Lösung). Laschen wieder runterklappen, Klebstoff auf Klebefalzer und Laschen aufbringen und mit Vorderteil verkleben.

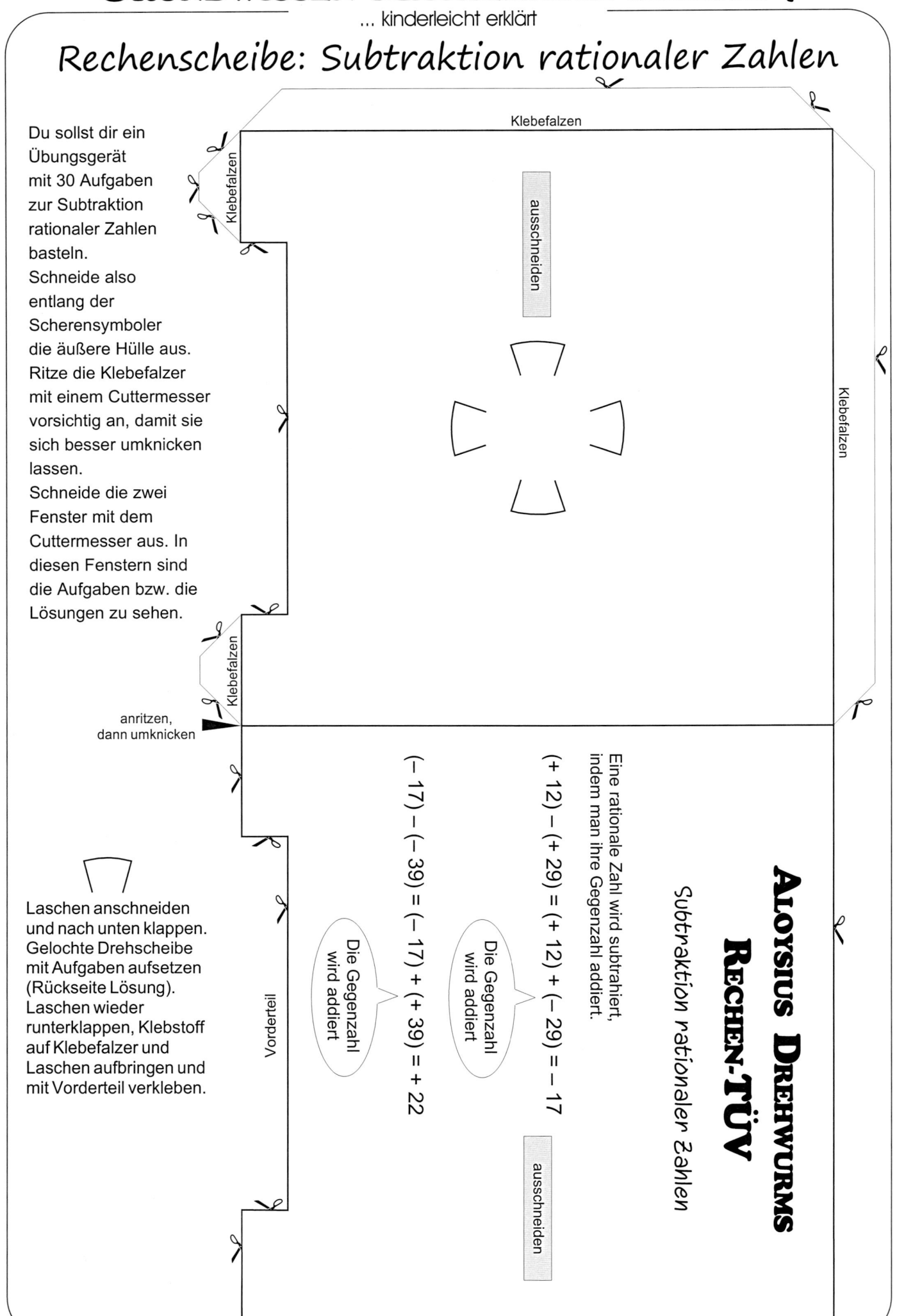

Klebefalzen

ausschneiden

anritzen, dann umknicken

Vorderteil

Eine rationale Zahl wird subtrahiert, indem man ihre Gegenzahl addiert.

$(+12) - (+29) = (+12) + (-29) = -17$

Die Gegenzahl wird addiert

$(-17) - (-39) = (-17) + (+39) = +22$

Die Gegenzahl wird addiert

ALOYSIUS DREHWURMS RECHEN-TÜV

Subtraktion rationaler Zahlen

ausschneiden

... kinderleicht erklärt

Rechenscheibe: Subtraktion rationaler Zahlen

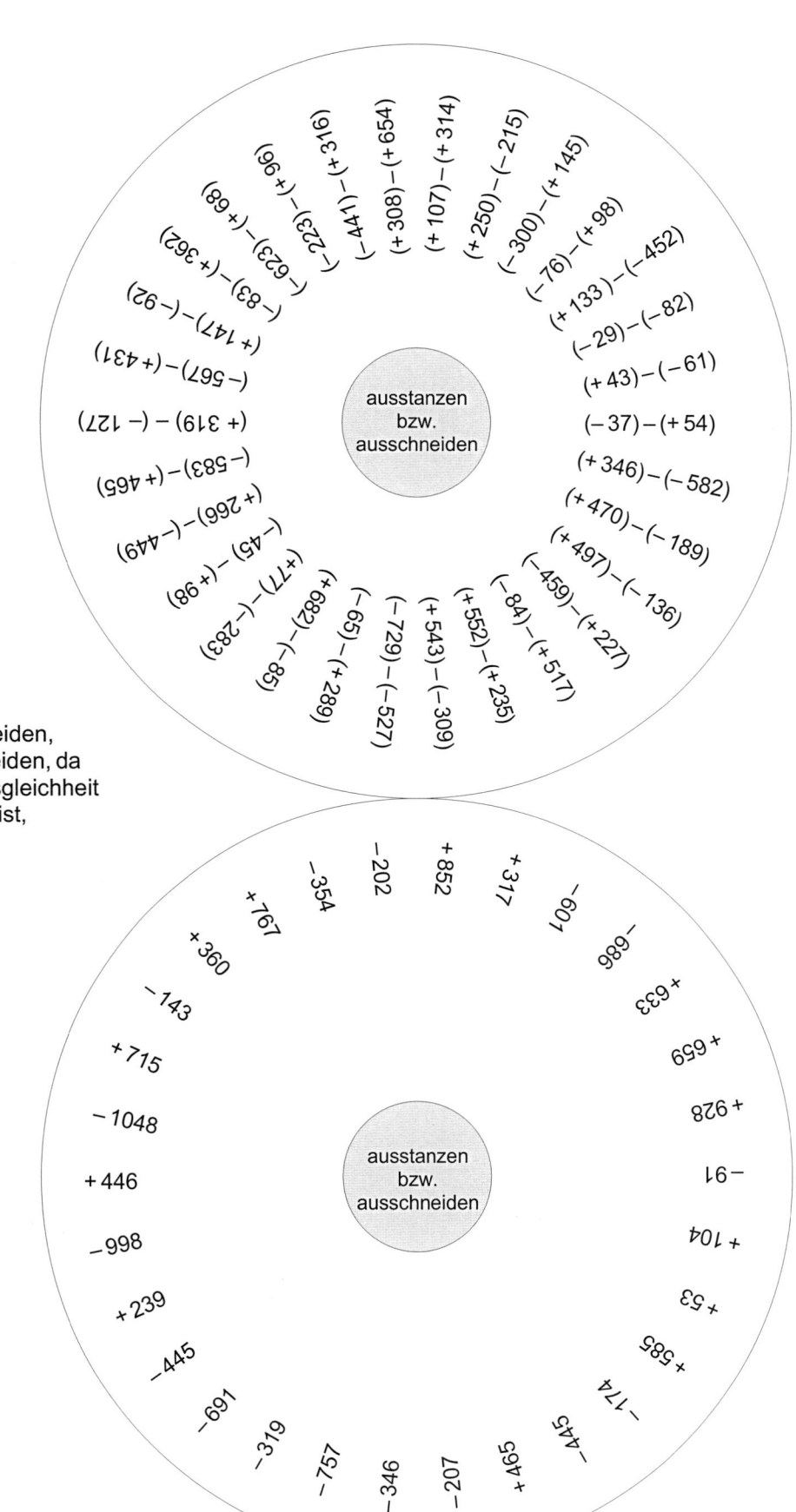

Scheiben ausschneiden,
aber nicht zerschneiden, da
sonst die Deckungsgleichheit
nicht gewährleistet ist,
umklappen und
zusammenkleben

Wir vereinfachen die Schreibweise

Weil den Mathematikern Aufgaben wie (+ 5) + (+ 23) oder (– 17) – (+ 47) viel zu lang sind, haben sie sich eine vereinfachte Schreibweise für das Addieren und Subtrahieren rationaler Zahlen einfallen lassen und dafür Regeln aufgestellt.

1. Regel: Bei positiven Zahlen darfst du die Klammer und das Vorzeichen weglassen.

2. Regel: Bei negativen Zahlen, die am Anfang einer Rechnung stehen, darfst du die Klammer weglassen.

3. Regel: Folgen Rechenzeichen und Vorzeichen aufeinander, dann machst du

$$aus - (- 12) \qquad + 12$$
$$aus - (+ 15) \qquad - 15$$
$$aus + (- 21) \qquad - 21$$

Beispiele: $(+ 18) + (+ 23) = 18 + 23$ *Regel 1*

$(- 18) + (+ 23) = - 18 + 23$ *Regel 1 und 2*

$(+ 18) - (- 23) = 18 + 23$ *Regel 1 und 3*

$(- 18) - (+ 23) = -18 - 23$ *Regel 2 und 3*

Aufgabe 1 Vereinfache die Schreibweise und berechne.

a) $(+ 34) + (- 18) =$

b) $(+ 4,5) - (- 2,3) =$

c) $(- 7,4) + (- 11) =$

d) $(- 9,8) - (- 16) =$

e) $(- 4,5) + (+ 13) =$

f) $(- 25) - (+ 13) =$

Aufgabe 2

Ergänze die fehlenden Schneckenhauskästchen der Schnecke »Speedy Gonzalez«.
Welche Zahl steht in der Mitte ihres Häuschens?

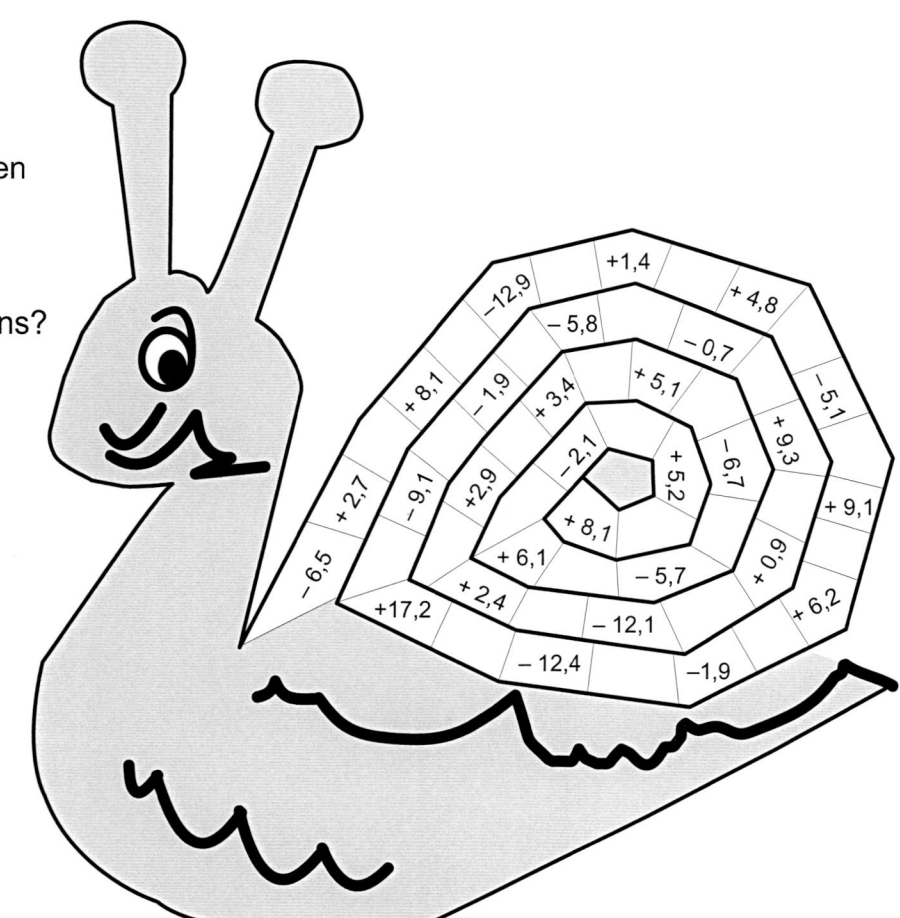

... kinderleicht erklärt

Rechnen mit rationalen Zahlen

Eine ganz lange Kettenaufgabe wartet auf dich. Trage die Zwischenergebnisse in die leeren Felder ein. Wenn du dann noch die entsprechenden Punkte im Gitter verbindest, erhältst du ein Bild.

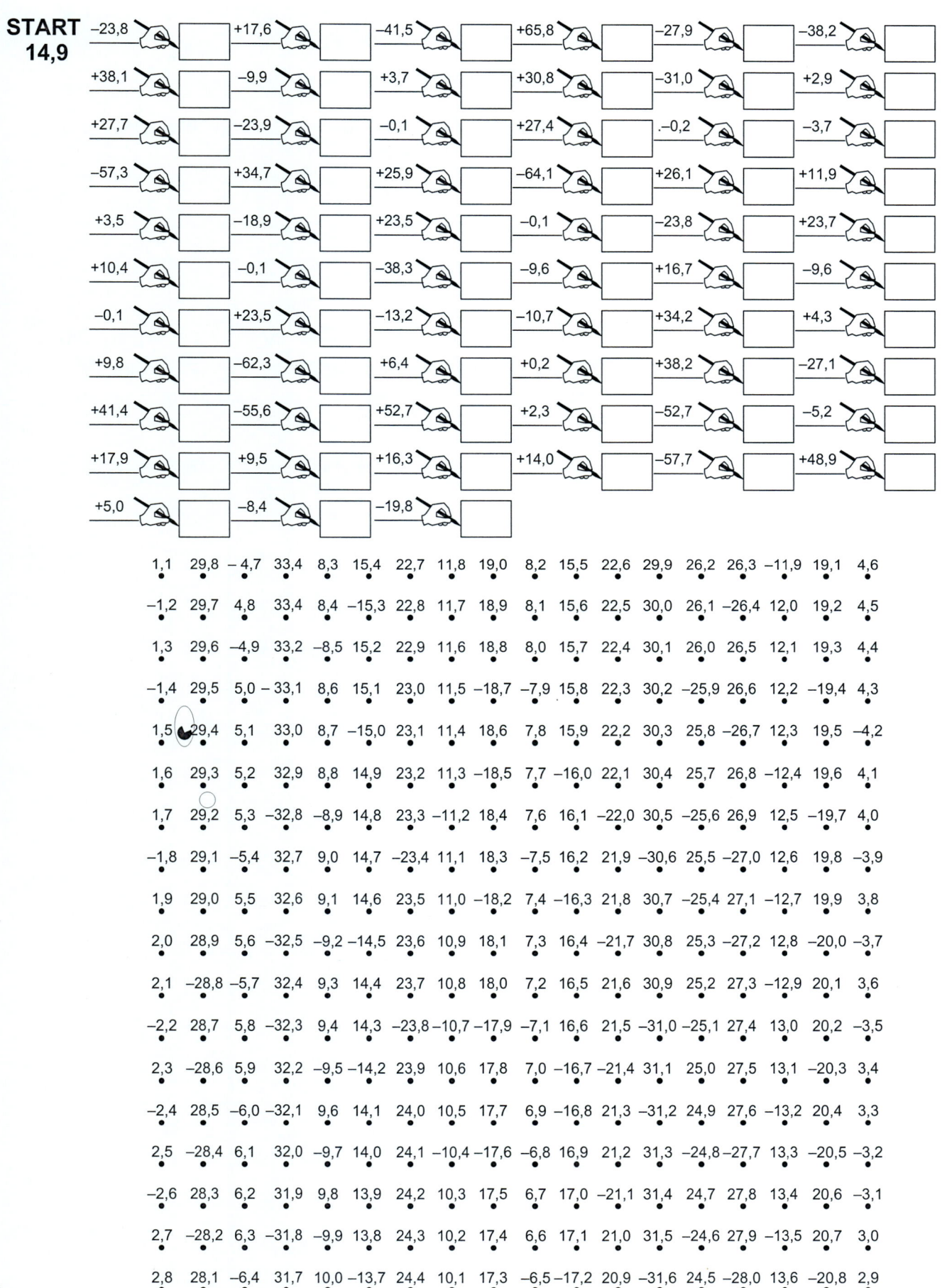

START 14,9

Kette:
−23,8 / +17,6 / −41,5 / +65,8 / −27,9 / −38,2
+38,1 / −9,9 / +3,7 / +30,8 / −31,0 / +2,9
+27,7 / −23,9 / −0,1 / +27,4 / .−0,2 / −3,7
−57,3 / +34,7 / +25,9 / −64,1 / +26,1 / +11,9
+3,5 / −18,9 / +23,5 / −0,1 / −23,8 / +23,7
+10,4 / −0,1 / −38,3 / −9,6 / +16,7 / −9,6
−0,1 / +23,5 / −13,2 / −10,7 / +34,2 / +4,3
+9,8 / −62,3 / +6,4 / +0,2 / +38,2 / −27,1
+41,4 / −55,6 / +52,7 / +2,3 / −52,7 / −5,2
+17,9 / +9,5 / +16,3 / +14,0 / −57,7 / +48,9
+5,0 / −8,4 / −19,8

Gitter:

1,1	29,8	− 4,7	33,4	8,3	15,4	22,7	11,8	19,0	8,2	15,5	22,6	29,9	26,2	26,3	−11,9	19,1	4,6
−1,2	29,7	4,8	33,4	8,4	−15,3	22,8	11,7	18,9	8,1	15,6	22,5	30,0	26,1	−26,4	12,0	19,2	4,5
1,3	29,6	−4,9	33,2	−8,5	15,2	22,9	11,6	18,8	8,0	15,7	22,4	30,1	26,0	26,5	12,1	19,3	4,4
−1,4	29,5	5,0	− 33,1	8,6	15,1	23,0	11,5	−18,7	−7,9	15,8	22,3	30,2	−25,9	26,6	12,2	−19,4	4,3
1,5	29,4	5,1	33,0	8,7	−15,0	23,1	11,4	18,6	7,8	15,9	22,2	30,3	25,8	−26,7	12,3	19,5	−4,2
1,6	29,3	5,2	32,9	8,8	14,9	23,2	11,3	−18,5	7,7	−16,0	22,1	30,4	25,7	26,8	−12,4	19,6	4,1
1,7	29,2	5,3	−32,8	−8,9	14,8	23,3	11,2	18,4	7,6	16,1	−22,0	30,5	−25,6	26,9	12,5	−19,7	4,0
−1,8	29,1	−5,4	32,7	9,0	14,7	−23,4	11,1	18,3	−7,5	16,2	21,9	−30,6	25,5	−27,0	12,6	19,8	−3,9
1,9	29,0	5,5	32,6	9,1	14,6	23,5	11,0	−18,2	7,4	−16,3	21,8	30,7	−25,4	27,1	−12,7	19,9	3,8
2,0	28,9	5,6	−32,5	−9,2	−14,5	23,6	10,9	18,1	7,3	16,4	−21,7	30,8	25,3	−27,2	12,8	−20,0	−3,7
2,1	−28,8	−5,7	32,4	9,3	14,4	23,7	10,8	18,0	7,2	16,5	21,6	30,9	25,2	27,3	−12,9	20,1	3,6
−2,2	28,7	5,8	−32,3	9,4	14,3	−23,8	−10,7	−17,9	−7,1	16,6	21,5	−31,0	−25,1	27,4	13,0	20,2	−3,5
2,3	−28,6	5,9	32,2	−9,5	−14,2	23,9	10,6	17,8	7,0	−16,7	−21,4	31,1	25,0	27,5	13,1	−20,3	3,4
−2,4	28,5	−6,0	−32,1	9,6	14,1	24,0	10,5	17,7	6,9	−16,8	21,3	−31,2	24,9	27,6	−13,2	20,4	3,3
2,5	−28,4	6,1	32,0	−9,7	14,0	24,1	−10,4	−17,6	−6,8	16,9	21,2	31,3	−24,8	−27,7	13,3	−20,5	−3,2
−2,6	28,3	6,2	31,9	9,8	13,9	24,2	10,3	17,5	6,7	17,0	−21,1	31,4	24,7	27,8	13,4	20,6	−3,1
2,7	−28,2	6,3	−31,8	−9,9	13,8	24,3	10,2	17,4	6,6	17,1	21,0	31,5	−24,6	27,9	−13,5	20,7	3,0
2,8	28,1	−6,4	31,7	10,0	−13,7	24,4	10,1	17,3	−6,5	−17,2	20,9	−31,6	24,5	−28,0	13,6	−20,8	2,9

Klammerregeln für Addition und Subtraktion

Auflösen von Klammern:

Steht ein Pluszeichen vor der Klammer, dann bleiben beim Auflösen der Klammer die Vorzeichen in der Klammer erhalten.

Beispiel: $56 + (-23 + 15) = 56 - 23 + 15 = 48$

Steht ein Minuszeichen vor der Klammer, dann musst du beim Auflösen der Klammer die Vorzeichen ändern, aus + wird −, aus − wird +.

Beispiel: $56 - (23 + 15) = 56 - 23 - 15 = 18$

$56 - (-23 - 15) = 56 + 23 + 15 = 94$

Aufgabe 1

Wenn du die Klammern auflöst und die Aufgaben nachrechnest, wirst du feststellen, dass einige Aufgaben richtige, andere falsche Ergebnisse haben. Kreuze den entsprechenden Buchstaben an und du erhältst bei richtiger Lösung ein englisches Sprichwort. Bei den falschen Ergebnissen trägst du selbstverständlich die richtige Lösung ein.

	richtig	falsch
$58 + (27 - 52) = 83$	a	H
$-73 - (12 + 24) = -61$	w	o
$112 - (46 - 15) + 58 = 139$	m	a
$83 + (-56 + 37) = 47$	t	e
$85 - (-47 + 19) = 113$	i	c
$-9,8 - (7,4 - 15,2) = -2$	s	H
$90 + (-51 + 17) - (-34 - 8) = 98$	w	e
$5\frac{7}{8} - (3\frac{1}{2} - 8\frac{3}{4}) = -6\frac{5}{8}$	D	H
$-27 + 45 - (34 - 89) = 125$	P	e
$-17,4 + (-11,8 + 28,1) = -1,1$	r	o
$2,33 + (1,56 - 3,05) = 0,92$	t	e
$11\frac{1}{3} + (-6\frac{2}{9} + 4\frac{1}{6}) = 9\frac{5}{18}$	t	n
$8,8 - (-3,2 - 1,4) + (-9 - 1,3) = 3,1$	H	e
$-(2,3 + 6,7) + (18,9 - 6,4) = 2,6$	V	e
$6\frac{1}{2} + (-3,2 - 1\frac{3}{5}) = 1,7$	H	e
$4,7 + (-1,6 + 8,4) = 7,3$	r	e
$-23 - (-17 + 47 - 6) = -47$	a	B
$(-23 - 15) - (34 - 102) = 30$	r	o
$56 - [-23 - (15 + 11)] = 43$	i	t
$12 - (17 - 23) + (26 - 38) = 3$	L	i
$2,2 - [4,1 - (-1,9 + 4,3)] = 0,5$	s	y

... kinderleicht erklärt

Multiplikation und Division rationaler Zahlen

Regeln für die Multiplikation und Division zweier rationaler Zahlen:
Der Wert eines Produkts (Quotienten) ist positiv, wenn beide
Zahlen gleiche Vorzeichen haben.
Der Wert eines Produkts (Quotienten) ist negativ, wenn beide
Zahlen verschiedene Vorzeichen haben.

$\cdot$	$+5$	-5
$+7$	$+35$	-35
-7	-35	$+35$

$:$	$+5$	-5
$+15$	$+3$	-3
-15	-3	$+3$

Tipp:
Zwei gleiche Vorzeichen - Ergebnis positiv
Verschiedene Vorzeichen - Ergebnis negativ

Aufgabe 1

Wenn du wissen willst, welcher englische Spruch sich hinter den 20 Silben verbirgt, dann musst du die Aufgaben lösen. Die Ergebnisse liefern dir die Silben, die du aneinanderketten musst, um den Spruch herauszufinden, der soviel besagt wie »Es hat wenig Sinn, die Stalltüre zu verriegeln, wenn das Pferd bereits ausgebüxt ist«.

or -23	**is** $+165$	**shut** $+9$	**the** -2	**to** $+8$
rse 0	**te** $+126$	**ble** -96	**has** -64	**aft** -24
the -40	**ho** $+2$	**er** $+14$	**ted** $+16$	**too** $+46$
la -10	**do** $+15$	**bol** $+95$	**it** $+6$	**sta** $+27$

Ergebnis	Silben
1.	
2.	
3.	
4.	
5.	
6.	
7.	
8.	
9.	
10.	
11.	
12.	
13.	
14.	
15.	
16.	
17.	
18.	
19.	
20.	

1. $(-4{,}2) \cdot (+5) + 27$
2. $(-21) \cdot (-12) - 87$
3. $(+144) : (-18) + 54$
4. $(+9{,}1) : (-7) - 8{,}7$
5. $(-6) \cdot (+3) \cdot (-7)$
6. $(-5) \cdot (+1{,}7) + 16{,}5$
7. $(-84) : (-7) - 3$
8. $(-4{,}8) : (+0{,}12)$
9. $(-5) \cdot (-9) + (+3) \cdot (-6)$
10. $(15 - 7) \cdot (-4 - 8)$

11. $(27 - 72) : (-3)$
12. $(+23) : (-1)$
13. $(-0{,}05) \cdot (-4) \cdot (-120)$
14. $(+51) : (-17) + 17$
15. $(-8{,}652) : (+4{,}2) + 0{,}06$
16. $(-0{,}25) : (-0{,}125)$
17. $(+144) : (-12) + 12$
18. $(+81) : (-0{,}2) + 341$
19. $(-2{,}3) \cdot (-100) - 135$
20. $(+91) : (-7) + 29$

Rechenscheibe: Multiplikation rationaler Zahlen

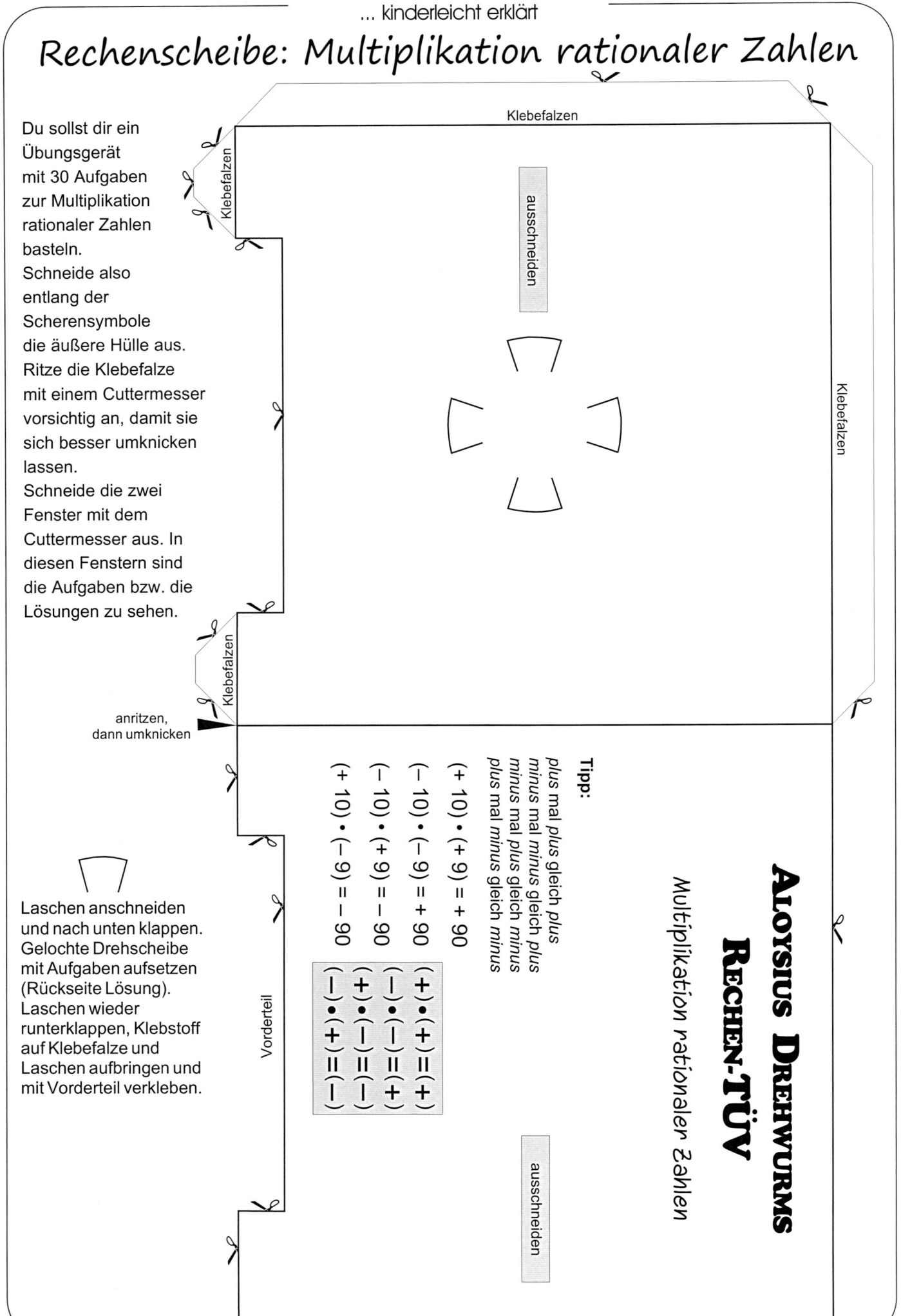

Du sollst dir ein Übungsgerät mit 30 Aufgaben zur Multiplikation rationaler Zahlen basteln.
Schneide also entlang der Scherensymbole die äußere Hülle aus.
Ritze die Klebefalze mit einem Cuttermesser vorsichtig an, damit sie sich besser umknicken lassen.
Schneide die zwei Fenster mit dem Cuttermesser aus. In diesen Fenstern sind die Aufgaben bzw. die Lösungen zu sehen.

Laschen anschneiden und nach unten klappen. Gelochte Drehscheibe mit Aufgaben aufsetzen (Rückseite Lösung). Laschen wieder runterklappen, Klebstoff auf Klebefalze und Laschen aufbringen und mit Vorderteil verkleben.

Klebefalzen

ausschneiden

Klebefalzen

anritzen, dann umknicken

Vorderteil

Tipp:

plus mal plus gleich plus
minus mal minus gleich plus
minus mal plus gleich minus
plus mal minus gleich minus

$$(+10) \cdot (+9) = +90$$
$$(-10) \cdot (-9) = +90$$
$$(-10) \cdot (+9) = -90$$
$$(+10) \cdot (-9) = -90$$

(+)	•	(+)	=	(+)
(−)	•	(−)	=	(+)
(+)	•	(−)	=	(−)
(−)	•	(+)	=	(−)

ALOYSIUS DREHWURMS RECHEN-TÜV

Multiplikation rationaler Zahlen

ausschneiden

... kinderleicht erklärt

Rechenscheibe: Multiplikation rationaler Zahlen

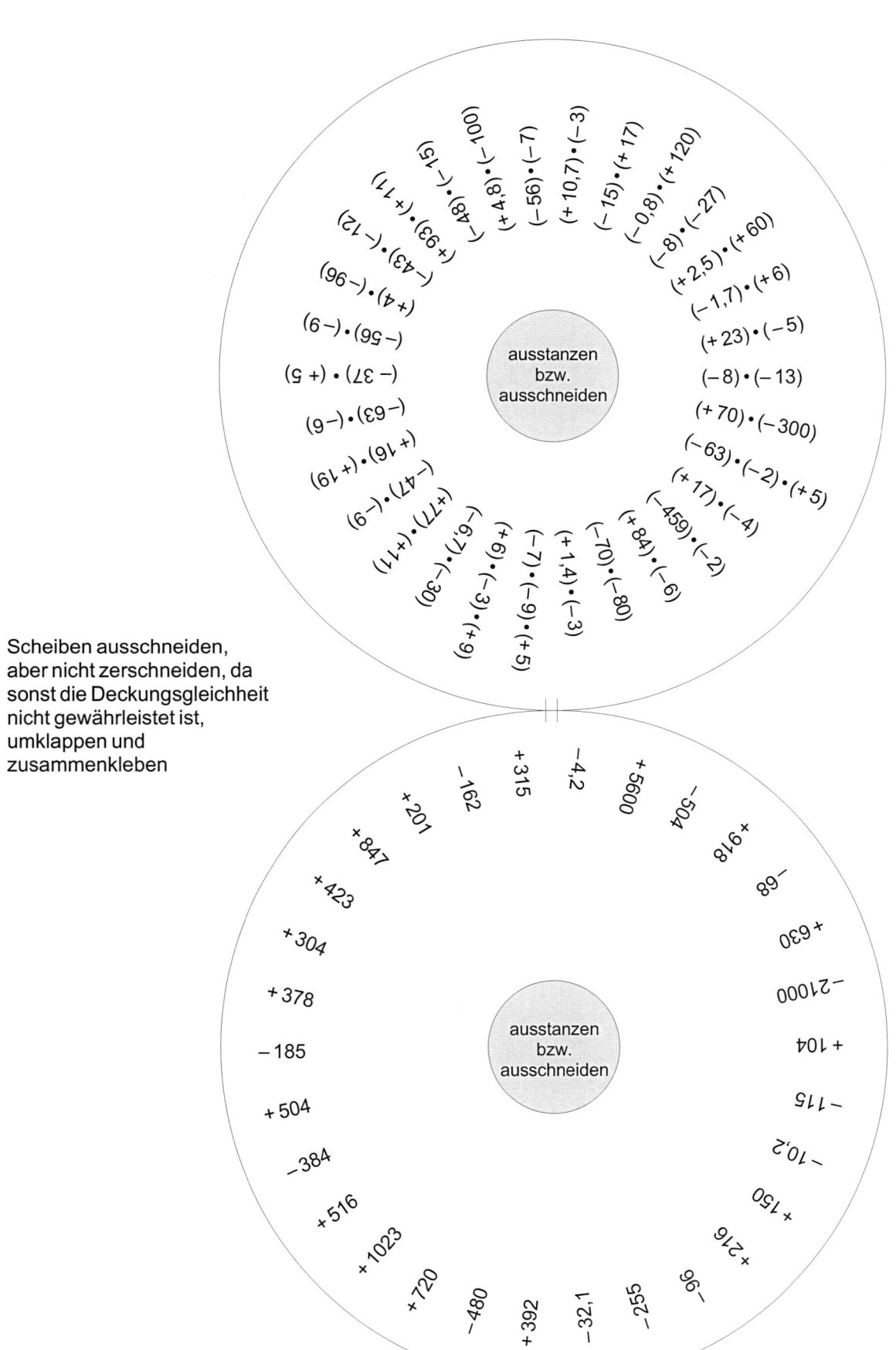

Scheiben ausschneiden, aber nicht zerschneiden, da sonst die Deckungsgleichheit nicht gewährleistet ist, umklappen und zusammenkleben

Rechenscheibe: Division rationaler Zahlen

Du sollst dir ein Übungsgerät mit 30 Aufgaben zur Division rationaler Zahlen basteln. Schneide also entlang der Scherensymbole die äußere Hülle aus. Ritze die Klebefalze mit einem Cuttermesser vorsichtig an, damit sie sich besser umknicken lassen. Schneide die zwei Fenster mit dem Cuttermesser aus. In diesen Fenstern sind die Aufgaben bzw. die Lösungen zu sehen.

anritzen, dann umknicken

Laschen anschneiden und nach unten klappen. Gelochte Drehscheibe mit Aufgaben aufsetzen (Rückseite Lösung). Laschen wieder runterklappen, Klebstoff auf Klebefalze und Laschen aufbringen und mit Vorderteil verkleben.

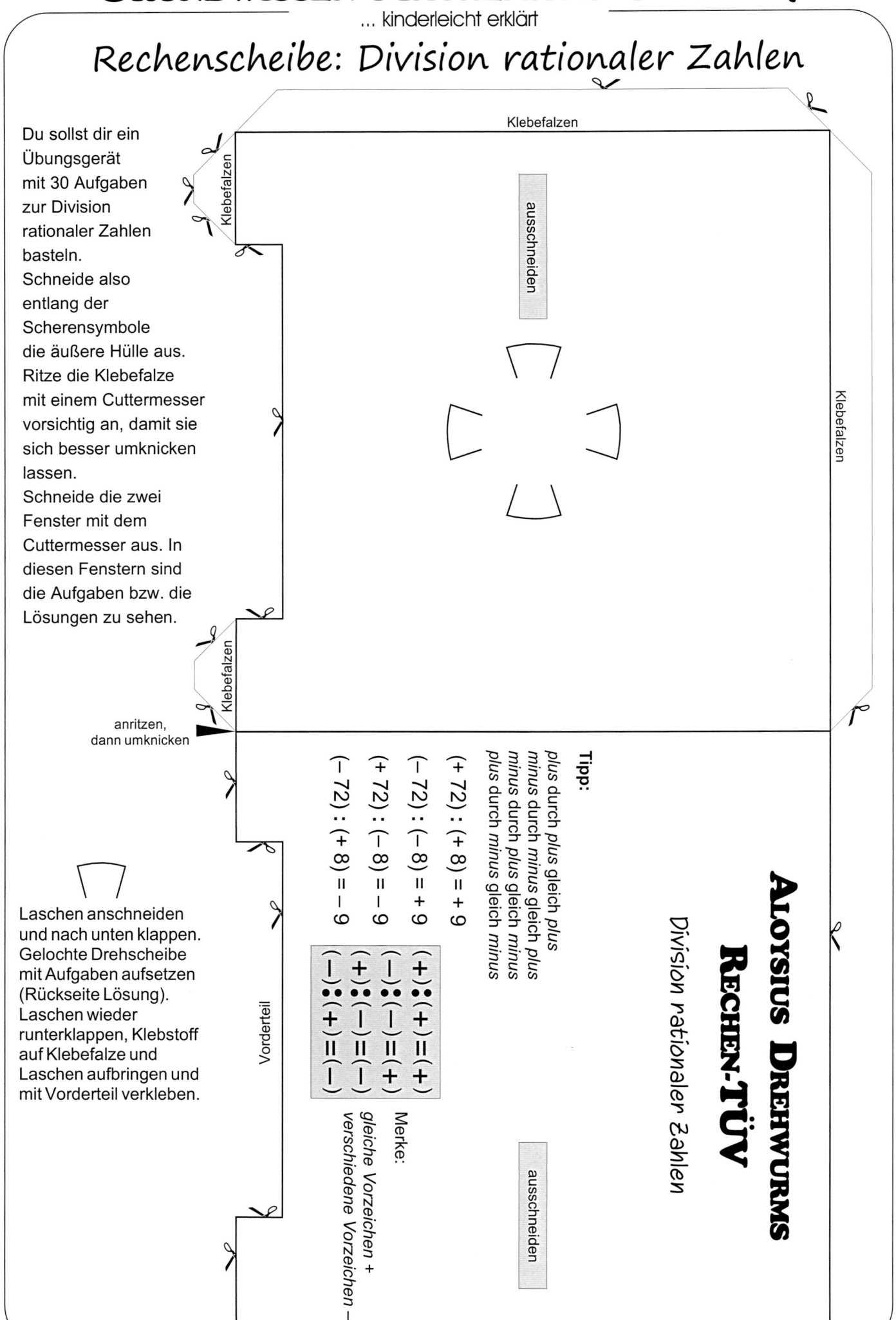

Klebefalzen

Klebefalzen

ausschneiden

Klebefalzen

Vorderteil

Tipp:

plus durch plus gleich plus
minus durch minus gleich plus
minus durch plus gleich minus
plus durch minus gleich minus

$(+72) : (+8) = +9$
$(-72) : (-8) = +9$
$(+72) : (-8) = -9$
$(-72) : (+8) = -9$

(	–	)	• •	(	+	)	=	(	–	)
(	+	)	• •	(	–	)	=	(	–	)
(	+	)	• •	(	+	)	=	(	+	)
(	–	)	• •	(	–	)	=	(	+	)

Merke:
gleiche Vorzeichen +
verschiedene Vorzeichen –

ausschneiden

ALOYSIUS DREHWURMS RECHEN-TÜV

Division rationaler Zahlen

Rechenscheibe: Division rationaler Zahlen

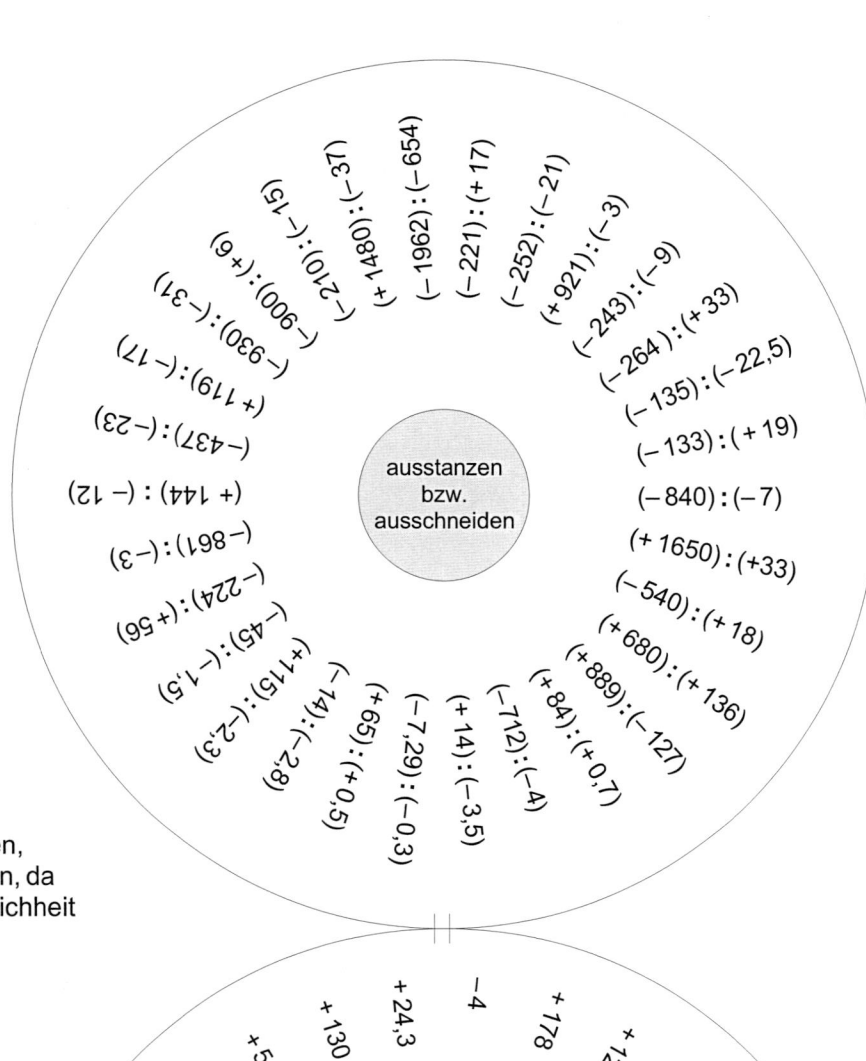

Scheiben ausschneiden,
aber nicht zerschneiden, da
sonst die Deckungsgleichheit
nicht gewährleistet ist,
umklappen und
zusammenkleben

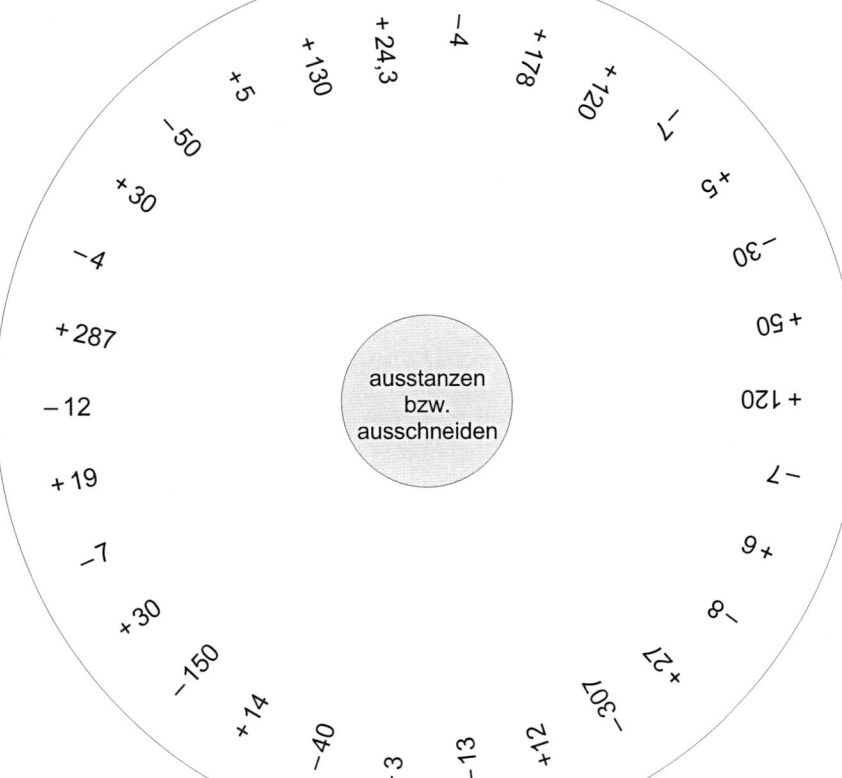

GRUNDWISSEN MATHEMATIK KLASSE 7

... kinderleicht erklärt

Verbindung der vier Grundrechenarten I

Vertauschungs- und Verbindungsgesetz:

Beispiele: $(-4,5) \cdot (+5) = (+5) \cdot (-4,5) = -22,5$

$[(-3) \cdot (+6)] \cdot (-5) = (-3) \cdot [(+6) \cdot (-5)] = +90$

Verteilungsgesetz (Distributivgesetz):

Du darfst eine Summe mit einer Zahl multiplizieren, indem du jeden Summanden mit der Zahl multiplizierst und die Ergebnisse dann addierst.

Beispiel: $(-4) \cdot [(+5) + (-3)] = (-4) \cdot (+5) + (-4) \cdot (-3) = (-20) + (+12) = -8$

Aufgabe 1 Rechne - wenn möglich - vorteilhaft.

a) $17 \cdot (-5) \cdot (-20) =$

b) $2,5 \cdot (-8) \cdot (-5) =$

c) $(-12) \cdot (-15) \cdot (-2) =$

d) $(-8) \cdot 13 \cdot (-25) =$

e) $4 \cdot 0,3 \cdot (-0,75) =$

f) $(-9) \cdot 3,5 \cdot (-\frac{2}{3}) =$

Aufgabe 2 Vertausche - wenn möglich - geschickt und rechne vorteilhaft.

a) $25 \cdot (-3) \cdot 4 \cdot (-8) \cdot (-12,5) =$

b) $(-4) \cdot 9 \cdot (-25) \cdot (-8) =$

c) $(-12) \cdot (-125) \cdot (-8) \cdot 5 =$

d) $(-2) \cdot 13 \cdot (-50) \cdot (-3) =$

e) $125 \cdot (-4) \cdot 0,3 \cdot (-8) \cdot 5 =$

f) $(-9) \cdot 20 \cdot (-5) \cdot 11 =$

Aufgabe 3 Berechne geschickt.

a) $4 \cdot (-25 + 8) =$

b) $(-4) \cdot (12,5 - 16) =$

c) $(-12) \cdot (125 - 108) =$

d) $(-2 + 13) \cdot (-23) =$

e) $125 \cdot [4 + (-8)] =$

f) $(-9 + 20) \cdot (-7) =$

Aufgabe 4 Klammere geschickt aus und berechne dann.

a) $25 \cdot (-3) + 25 \cdot 20 + 25 \cdot (-12) = 25 \cdot (\qquad) =$

b) $(-4) \cdot 9 + (-4) \cdot (-8) + (-4) \cdot 22 = -4 \cdot (\qquad) =$

c) $16 \cdot (-12) + 16 \cdot 8 + 16 \cdot 9 = 16 \cdot (\qquad) =$

d) $(-2) \cdot 17 + (-5) \cdot 17 + 19 \cdot 17 = (\qquad) \cdot 17 =$

e) $12,5 \cdot (-4) + 3 \cdot (-4) + 5 \cdot (-4) = (\qquad) \cdot (-4) =$

f) $(-9) \cdot 18 + (-9) \cdot 11 - 23 \cdot (-9) = -9 \cdot (\qquad) =$

g) $69 \cdot (-9) + (-27) \cdot (-9) + 35 \cdot (-9) = (\qquad) \cdot (-9) =$

h) $(-6) \cdot 20 + (-6) \cdot (-31) - 17 \cdot (-6) = -6 \cdot (\qquad) =$

Verbindung der vier Grundrechenarten II

Rechenregeln beim Rechnen mit verschiedenen Rechenzeichen:
Was in Klammern steht, wird zuerst berechnet.
Rechne als nächstes von links nach rechts alle Punktrechnungen (•, :) aus.
Zuletzt werden alle Strichrechnungen (+, –) ausgerechnet.

Aufgabe 1

Wenn du wissen willst, welcher englische Spruch sich hinter den 20 Silben verbirgt, dann musst du die Aufgaben lösen. Die Ergebnisse liefern dir die Silben, die du aneinanderketten musst, um den Spruch herauszufinden, der soviel besagt wie »Man kann nicht zwei Herren dienen«.

tr 91	ha 61	th – 24	th 108	no – 11
re – 9	hu 13	un – 122	un 25	wi 17
wi – 22	yo 31,3	ds 323	the 8	the – 20
an 111	ho – 26	and 24	uc – 50	nt 58

ergebnis silben

1. $12{,}5 \cdot 3 - [8 \cdot 0{,}4 - 5 \cdot (-0{,}6)]$
2. $(12 - 40) : (-7) + [6 \cdot (-23 + 14)]$
3. $144 : (-9) + [14 \cdot 8 - 5 \cdot (-3)]$
4. $[9{,}6 : (-3) + 8{,}7] \cdot (-2)$
5. $86 - [-(83 - 108) : (-5)]$
6. $-[-99 : (-35 + 46) - 16]$
7. $15 + 3 \cdot (-7) - (-23)$
8. $(43 - 67) \cdot (-5) + 72 : (-6)$
9. $(-5) \cdot (-12) + 5 \cdot (-16)$
10. $(54 - 6) : 1{,}2 - 3 \cdot (-7)$
11. $[(-20) \cdot (-7{,}5) + (-96)] : (-6)$
12. $[17 : (-1) - (-25)] \cdot 4 - 8$
13. $[(-2{,}15) \cdot (-8) + (-12)] : 0{,}4$
14. $68 : (-1{,}7) + 14 \cdot (-36 + 43)$
15. $[140 : (-5) + 68] \cdot 0{,}2 - 30$
16. $[25 : (-1{,}25) - (-32)] : (-0{,}5)$
17. $[(-\frac{2}{3}) \cdot (-\frac{6}{4}) + (-\frac{2}{6}) \cdot \frac{1}{3}] \cdot 9$
18. $[81 + (-0{,}2) \cdot 340] : (-0{,}5)$
19. $2{,}3 \cdot (-100) - 135 \cdot (-0{,}8)$
20. $[56 : (-0{,}7) + 29] + 34 \cdot (29 - 18)$

GRUNDWISSEN MATHEMATIK KLASSE 7

... kinderleicht erklärt

Terme und Variable I

Terme beschreiben Rechenwege mit mathematischen Ausdrücken. Sie können Zahlen wie 5, – 0,25, 11 % oder $\sqrt{2}$, Variablen wie x, a, A oder u und Verknüpfungen von Zahlen oder Variablen wie 2a + 2b, 18 – 6, 3 • (x + y), $(a + b)^2$ enthalten.

Setzt du für die Variablen Zahlen ein, so erhältst du eine Zahl als Ergebnis.

Beispiel: Wenn du für die Variable x im Term 5 • x + 3 die Zahl 7 einsetzt, erhältst du die Zahl 38.

Aufgabe 1 Löse einmal das Kreuzzahlrätsel, indem du in den 18 Termen für die Variablen die angegebenen Zahlen einsetzt.

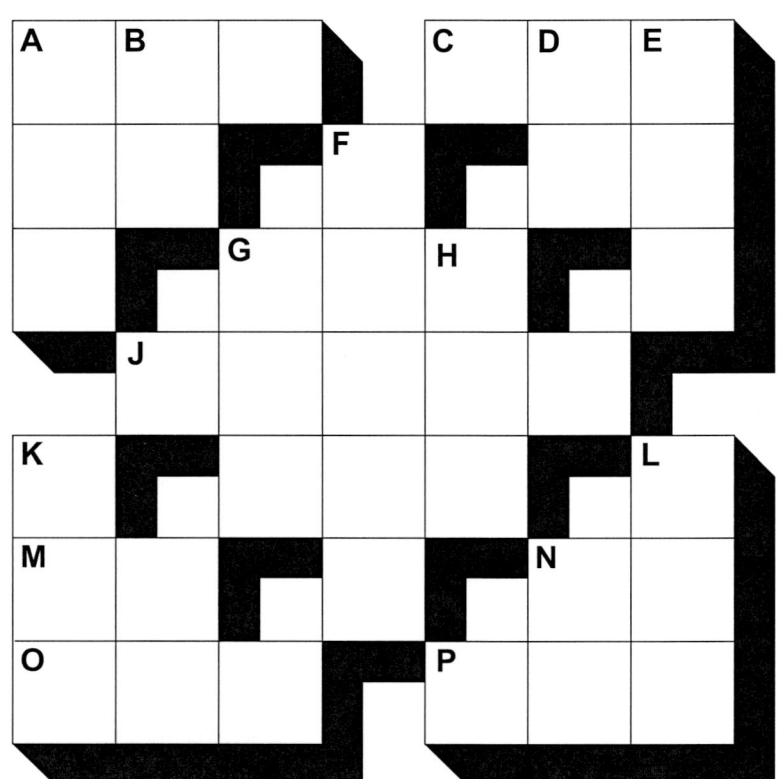

Waagerecht:

A)	17 • x – 56	x = 24
C)	13 • a + 16 • b	a = 25, b = 20
G)	24 • (y + 24)	y = 10
J)	8717 • z	z = 6
M)	2 • d – 3 • e	d = 8, e = 2
N)	(– 690) : m	m = – 15
O)	3 • p + 302	p = 217
P)	f • 2 + 172	f = 63

Senkrecht:

A)	(– 96) • c + d • 7	c = – 3, d = 8
B)	$3 • d + 3^3$	d = 8
D)	5 • d + 2	d = 8
E)	$(2^3 + 2^2 • 3) • y$	y = 27
F)	3 • 19 • 29 • a	a = 25
G)	e • (z + 1) • 59	e = 2, z = 6
H)	a • b + 103	a = 25, b = 20
K)	(b – 1) • y + 6	b = 20, y = 27
L)	$(f – 21) • e^2$	f = 63, e = 2
N)	$(z + 1)^2$	z = 6

... kinderleicht erklärt

Terme und Variable II

Terme werden »aufgestellt«, indem man
a) für unbekannte Zahlen oder Größen Variable festlegt und
b) Variable und Zahlen durch entsprechende Rechenzeichen in der richtigen Reihenfolge verbindet.

Aufgabe 1   Finde heraus, welcher Term passt. Die Kennbuchstaben bei den richtigen Termen ergeben bei richtiger Lösung einen englischen Spruch.

Ich denke mir eine Zahl ...
X

● und verdreifache sie. Von diesem Ergebnis subtrahiere ich 25.	**r** $3 \cdot (x - 25)$	**u** $3 \cdot x - 25$
● und halbiere sie. Zu diesem Ergebnis addiere ich 11.	**n** $x : 2 + 11$	**e** $2 : x + 11$
● und addiere 15 hinzu. Von dieser Summe bilde ich das Siebenfache.	**i** $(x + 15) \cdot 7$	**v** $x + 15 \cdot 7$
● Von 186 subtrahiere ich das Dreifache meiner gedachten Zahl und dividiere dieses Ergebnis durch 5.	**e** $3 \cdot x - 186 : 5$	**o** $(186 - 3 \cdot x) : 5$
● Ich bilde die Differenz aus 57 und der Summe aus meiner gedachten Zahl und 19.	**n** $57 - (x + 19)$	**t** $57 - x + 19$
● Zu 186 addiere ich das Fünffache meiner gedachten Zahl und multipliziere dieses Ergebnis mit 7.	**G** $186 + 5 \cdot x \cdot 7$	**i** $(186 + 5 \cdot x) \cdot 7$
● Ich subtrahiere von 41 das Dreifache meiner gedachten Zahl.	**e** $3 \cdot x - 41$	**s** $41 - 3 \cdot x$
● Ich subtrahiere vom Vierfachen meiner gedachten Zahl 478.	**i** $4 \cdot (x - 478)$	**s** $4 \cdot x - 478$
● Ich vermindere 146 um das Achtfache meiner gedachten Zahl.	**t** $146 - 8 \cdot x$	**s** $8 \cdot x - 146$
● Ich bilde das Produkt aus (− 4) und der Summe aus meiner gedachten Zahl und 7.	**s** $-4 \cdot x + 7$	**r** $-4 \cdot (x + 7)$
● Ich addiere zum Produkt der Zahlen 5 und 23 die Hälfte meiner gedachten Zahl.	**e** $5 \cdot 23 + \frac{1}{2} \cdot x$	**w** $5 \cdot 23 + 2 \cdot x$
● Ich bilde den Quotienten aus 70 und dem Siebenfachen meiner gedachten Zahl.	**e** $70 : 7 \cdot x$	**n** $70 : (7 \cdot x)$
● Multipliziere die Differenz aus 17 und meiner gedachten Zahl mit der Summer dieser beiden Zahlen.	**e** $17 - x \cdot 17 + x$	**G** $(17 - x) \cdot (17 + x)$
● Bilde den Quotienten aus der Differenz der Zahlen 17 und 38 und der Summe aus 4 und meiner gedachten Zahl	**G** $(17 + 38) \cdot (x - 4)$	**t** $(17 - 38) : (4 + x)$
● Ich vermehre das Dreifache meiner gedachten Zahl um 9 und multipliziere diese Summe mit 4.	**t** $3 \cdot x + 9 \cdot 4$	**H** $(3 \cdot x + 9) \cdot 4$

Aufgabe 2   Die Variable x steht für eine beliebige Zahl. Gib einen Term an für

a) das Fünffache dieser Zahl.

b) den dritten Teil dieser Zahl.

c) den achten Teil dieser Zahl.

d) das Produkt aus dieser Zahl und 125.

e) die Summe aus dem Vierfachen und der Hälfte dieser Zahl.

f) das Siebeneinhalbfache dieser Zahl.

g) das Neunfache dieser Zahl vermindert um 7.

h) den fünften Teil dieser Zahl vermehrt um 9.

i) die Differenz aus dem Dreifachen dieser Zahl und 8.

j) den vierten Teil dieser Zahl vermehrt um 6.

k) den Quotienten aus dieser Zahl und 3.

l) das Dreifache der Summe aus der Hälfte dieser Zahl und 12.

m) den dritten Teil der Differenz aus dem Fünffachen dieser Zahl und 9.

Terme und Variable III

Rechenregeln für Terme

Gleichartige Terme lassen sich zusammenfassen, ungleichartige nicht.

Beispiele: $a+a+a+a = 4 \cdot a$ $6 \cdot b - 4 \cdot b = 2 \cdot b$

$x+y+x+x+y = 3 \cdot x + 2 \cdot y$ $6 \cdot z - 4 \cdot w = 6 \cdot z - 4 \cdot w$

In Termen darfst du das Multiplikationszeichen weglassen, wenn es nicht zu Missverständnissen kommen kann.

Beispiele: $6 \cdot a = 6a$ $7 \cdot x + 4 \cdot x = 11 \cdot x = 11x$

$6 \cdot (a+b) = 6(a+b)$ $3 \cdot 7 \cdot a \cdot b = 3 \cdot 7ab$

Spezialfälle: $9 \cdot p - 8 \cdot p = 1 \cdot p = 1p = p$

$15 \cdot z - 16 \cdot z = -1 \cdot z = -z$

$17 \cdot y - 17 \cdot y = 0 \cdot y = 0y = 0$

Aufgabe 1

Entscheide, ob die folgenden Vereinfachungen richtig oder falsch sind. Kreise den entsprechenden Buchstaben ein. Bei richtiger Lösung erhältst du einen englischen Spruch. Klar, dass du das falsche Ergebnis korrigierst.

	richtig	falsch
$9 \cdot b + 7 \cdot b - 3 \cdot b = 19b$	I	M
$5 \cdot 3 \cdot (a+b) = 5 \cdot 3(a+b)$	A	T
$25 \cdot a + 23 \cdot b = 48ab$	Z	N
$w+a+u+w+a+u+w+a+u = 3w+3a+3u$	Y	E
$6 \cdot 5 \cdot m \cdot n = 65mn$	V	H
$7,93 \cdot t - 6,93 \cdot t = 1$	E	A
$s+4 \cdot s = 5s$	N	R
$9 \cdot p - (2 \cdot p + 4 \cdot p) = 11p$	R	D
$7q - 2q - 4q = q$	S	A
$-a + 1 \cdot a = 0$	M	I
$1 \cdot y - y = 0$	A	N
$4 \cdot 3 \cdot u \cdot v = 43uv$	S	K
$a+a+a-a = 4a$	B	E
$-12 \cdot c + 4 \cdot c - 1 \cdot c = -9c$	L	U
$9b + 6z - 5b + 1z = 4b + 7z$	I	T
$7 \cdot g - 3 \cdot g + 4 \cdot g - 6 \cdot g = 5g$	I	G
$12 \cdot u - 13 \cdot u = -u$	H	T
$11 \cdot c - c = 11c$	P	T
$12r + r + 2r = 15r$	W	O
$5 \cdot 7 \cdot x \cdot y = 5 \cdot 7xy$	O	U
$a - 35a = -35a$	L	R
$35b - 17 - 18b = 0$	S	K

... kinderleicht erklärt

Gleichungen I

In einer **Gleichung** steht zwischen zwei Termen das Gleichheitszeichen.

Beispiele: $2 \cdot x + 7 = 11$ oder $2 \cdot (y + 5) = 16$ oder $12 = 3 \cdot z$

Wenn du für die Variablen Zahlen einsetzt, erhältst du entweder eine **wahre** oder eine **falsche** Aussage.

Beispiele: $2 \cdot x + 7 = 11$ oder $2 \cdot (y + 5) = 16$ oder $12 = 3 \cdot z$

Setze 2 ein   *Setze 5 ein*   *Setze 4 ein*

$2 \cdot 2 + 7 = 11$ $2 \cdot (5 + 5) = 16$ $12 = 3 \cdot 4$

$11 = 11$ $20 = 16$ $12 = 12$

wahre Aussage   *falsche Aussage*   *wahre Aussage*

Eine Zahl, die beim Einsetzen eine wahre Aussage ergibt, nennt man **Lösung** der Gleichung.

Aufgabe   **1**

Bestimme die Lösungen der Gleichungen durch Probieren. Deine Lösungen zeigen dir auch den Weg durch das Spinnennetz. Wenn du auf dem Weg alle Buchstaben aneinanderreihst, erhältst du - wie sollte es anders sein - ein englisches Sprichwort. Dein Startpunkt liegt fest, es ist der Buchstabe P.

1. $3 \cdot x = 21$
2. $4 \cdot x - 12 = 8$
3. $x \cdot 3 = 96$
4. $2 \cdot x + 23 = 47$
5. $x : 4 + 8 = 23$
6. $x - 56 = 23$
7. $x + 13 = 52$
8. $7 \cdot x - 5 = 100$
9. $6 \cdot x = 144$
10. $x : 5 = 16$
11. $(x - 1) \cdot 2 = 4$
12. $5 \cdot x = 115$
13. $x : 7 = 4$
14. $x : 6 + 4 = 7$
15. $(x - 9) : 8 = 5$
16. $x : 5 = 14$
17. $3 \cdot (x + 5) = 120$
18. $(x : 27 + 3) \cdot 6 = 30$
19. $x : 13 = 5$

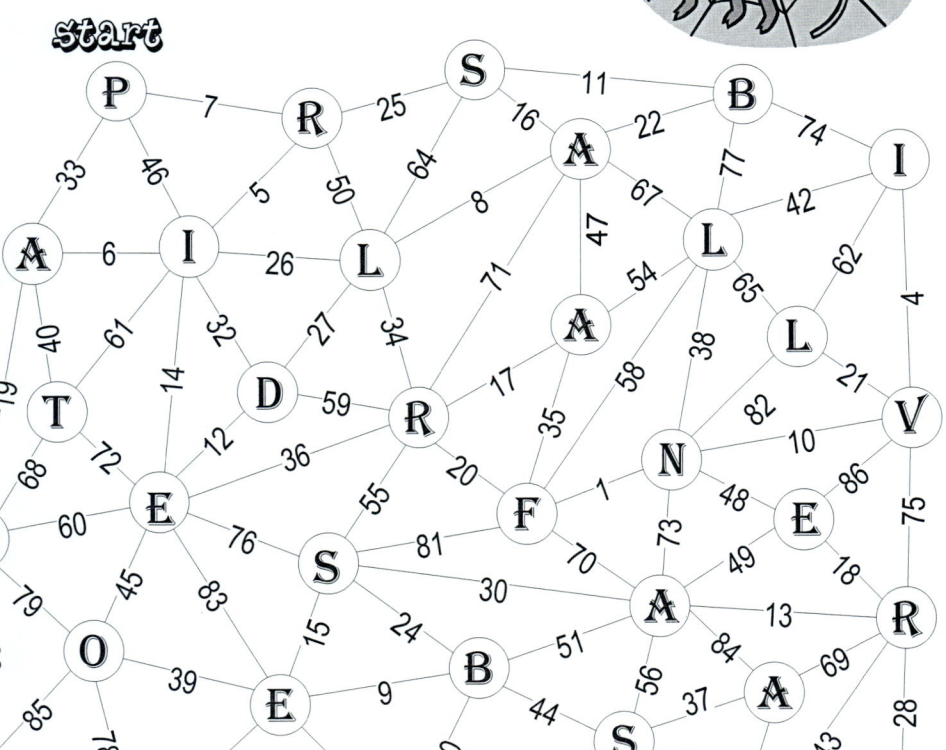

... kinderleicht erklärt

Gleichungen II

Zwei Gleichungen heißen **äquivalent**, wenn sie die gleichen Lösungen haben. Wenn du eine Gleichung lösen musst, dann formst du sie in einfachere **äquivalente** Gleichungen um. Folgende **Umformungen** sind erlaubt:

– Du darfst beide Seiten der Gleichung vertauschen. $2 \cdot x + 7 = 11$ $11 = 2 \cdot x + 7$

– Du darfst auf beiden Seiten der Gleichung die gleiche Zahl addieren oder die gleiche Zahl subtrahieren.

$$2 \cdot x + 7 = 11 \qquad\qquad x : 5 - 9 = 3$$
$$2 \cdot x + 7 - 7 = 11 - 7 \qquad x : 5 - 9 + 9 = 3 + 9$$
$$2 \cdot x = 4 \qquad\qquad x : 5 = 12$$

– Du darfst beide Seiten der Gleichung mit der gleichen Zahl (aber nicht mit 0) multiplizieren oder beide Seiten der Gleichung durch die gleiche Zahl (aber nicht durch 0) dividieren.

$$2 \cdot x = 4 \quad | : 2 \qquad\qquad x : 5 = 12 \quad | \cdot 5$$
$$x = 2 \qquad\qquad\qquad x = 60$$

– Schreibe die umgeformten Gleichungen so, dass Gleichheitszeichen unter Gleichheitszeichen steht.

Aufgabe 1 Wenn du die Gleichungen an den 12 Dreierwaben löst, zeigt dir dein Ergebnis, wohin die Buchstaben der einzelnen Dreierwaben übertragen werden müssen. Deine Lösung stimmt in jedem Fall mit einer der Zahlen in dem großen Schema überein. Wenn du alles richtig machst, ergibt sich ein englischer Spruch.

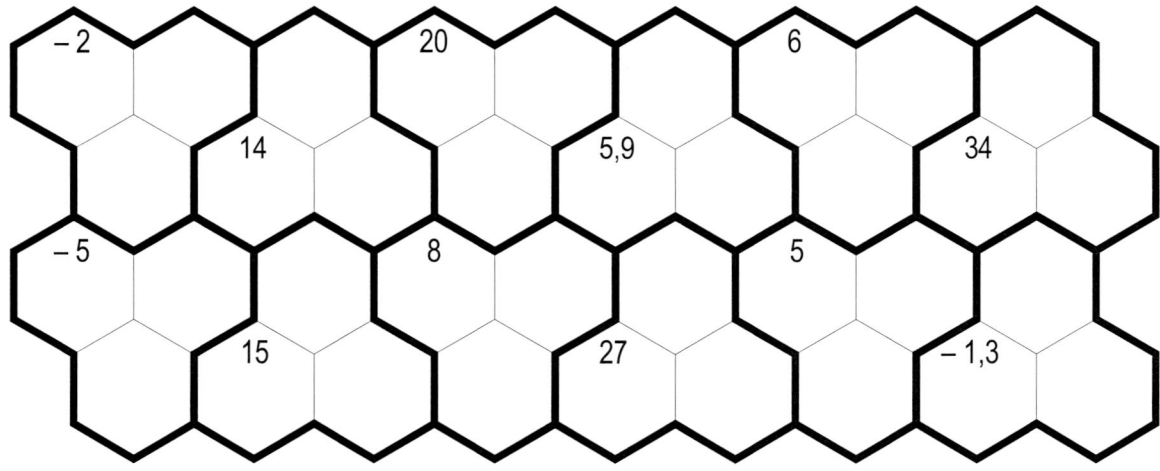

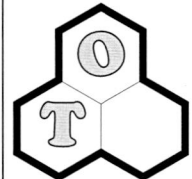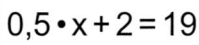

$0{,}5 \cdot x + 2 = 19$

$-7 \cdot x - 5 = 9$

$\dfrac{x}{3} + 6 = 15$

$25 + 2 \cdot x = 15$

$0{,}05 = 3 - 0{,}5 \cdot x$

$\dfrac{x}{8} + \dfrac{3}{4} = 1{,}5$

$2 \cdot x - 23 = 7$

$2\dfrac{1}{3} \cdot x - 6\dfrac{1}{2} = 5\dfrac{1}{6}$

$\dfrac{3 \cdot x}{7} - 5 = 1$

$3 \cdot x - 24 = 36$

$6{,}9 = 5 \cdot x + 13{,}4$

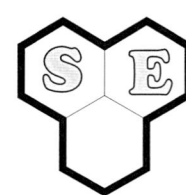

$36 = 12 + 3x$

Rechenscheibe: Gleichungen

Du sollst dir ein Übungsgerät mit 30 Aufgaben basteln, das dir hilft, besser mit Gleichungen fertig zu werden. Schneide also entlang der Scherensymbole die äußere Hülle aus. Ritze die Klebefalze mit einem Cuttermesser vorsichtig an, damit sie sich besser umknicken lassen. Schneide die zwei Fenster mit dem Cuttermesser aus. In diesen Fenstern sind die Aufgaben bzw. die Lösungen zu sehen.

anritzen, dann umknicken

Laschen anschneiden und nach unten klappen. Gelochte Drehscheibe mit Aufgaben aufsetzen (Rückseite Lösung). Laschen wieder runterklappen, Klebstoff auf Klebefalze und Laschen aufbringen und mit Vorderteil verkleben.

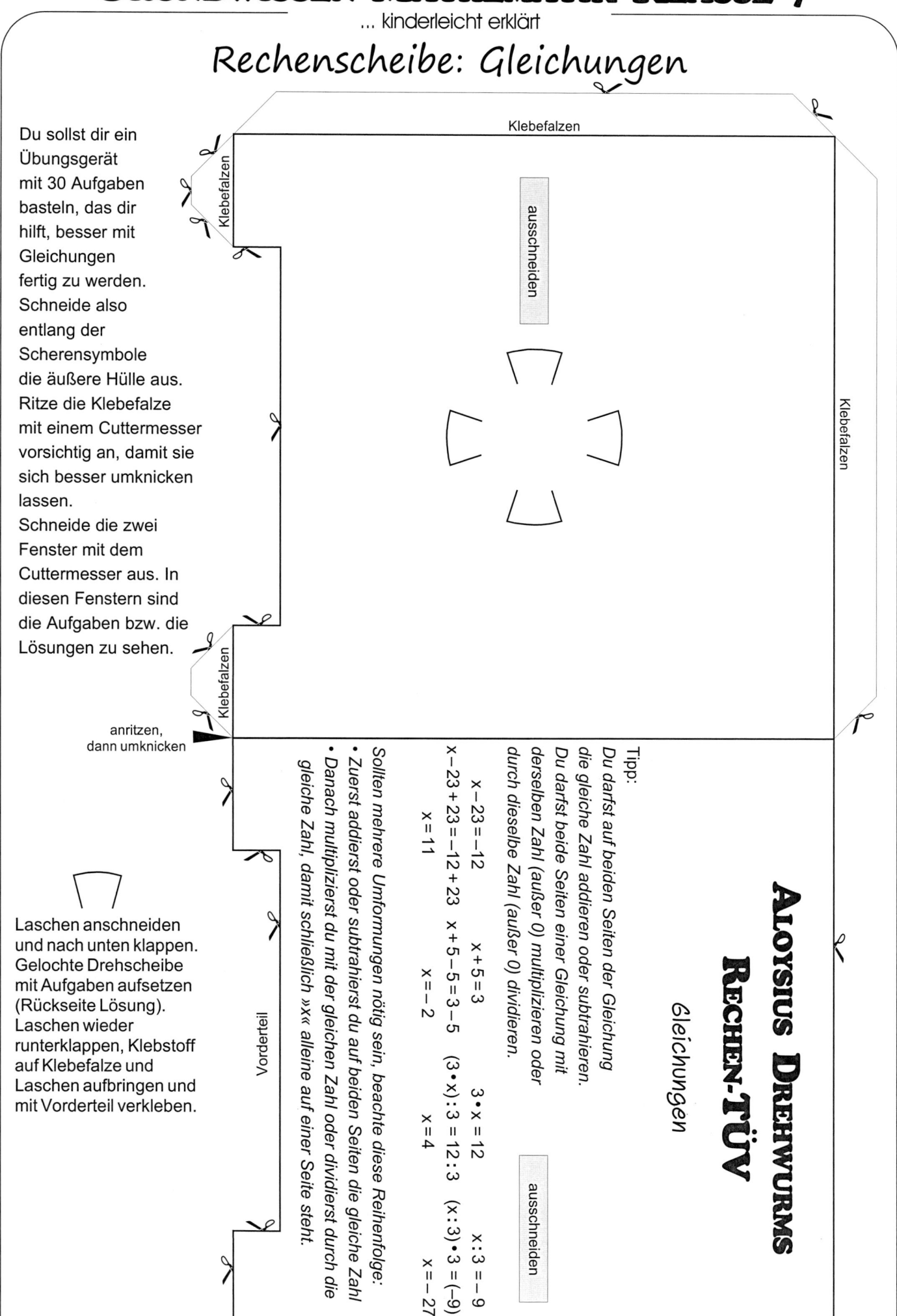

Klebefalzen

Klebefalzen

Klebefalzen

ausschneiden

Klebefalzen

Vorderteil

Tipp:

Du darfst auf beiden Seiten der Gleichung die gleiche Zahl addieren oder subtrahieren.
Du darfst beide Seiten einer Gleichung mit derselben Zahl (außer 0) multiplizieren oder durch dieselbe Zahl (außer 0) dividieren.

$x - 23 = -12$	$x + 5 = 3$	$3 \cdot x = 12$	$x : 3 = -9$
$x - 23 + 23 = -12 + 23$	$x + 5 - 5 = 3 - 5$	$(3 \cdot x) : 3 = 12 : 3$	$(x : 3) \cdot 3 = (-9) \cdot 3$
$x = 11$	$x = -2$	$x = 4$	$x = -27$

Sollten mehrere Umformungen nötig sein, beachte diese Reihenfolge:
• *Zuerst addierst oder subtrahierst du auf beiden Seiten die gleiche Zahl*
• *Danach multiplizierst du mit der gleichen Zahl oder dividierst durch die gleiche Zahl, damit schließlich »x« alleine auf einer Seite steht.*

ALOYSIUS DREHWURMS RECHEN-TÜV

Gleichungen

ausschneiden

GRUNDWISSEN MATHEMATIK KLASSE 7

... kinderleicht erklärt

Rechenscheibe: Gleichungen

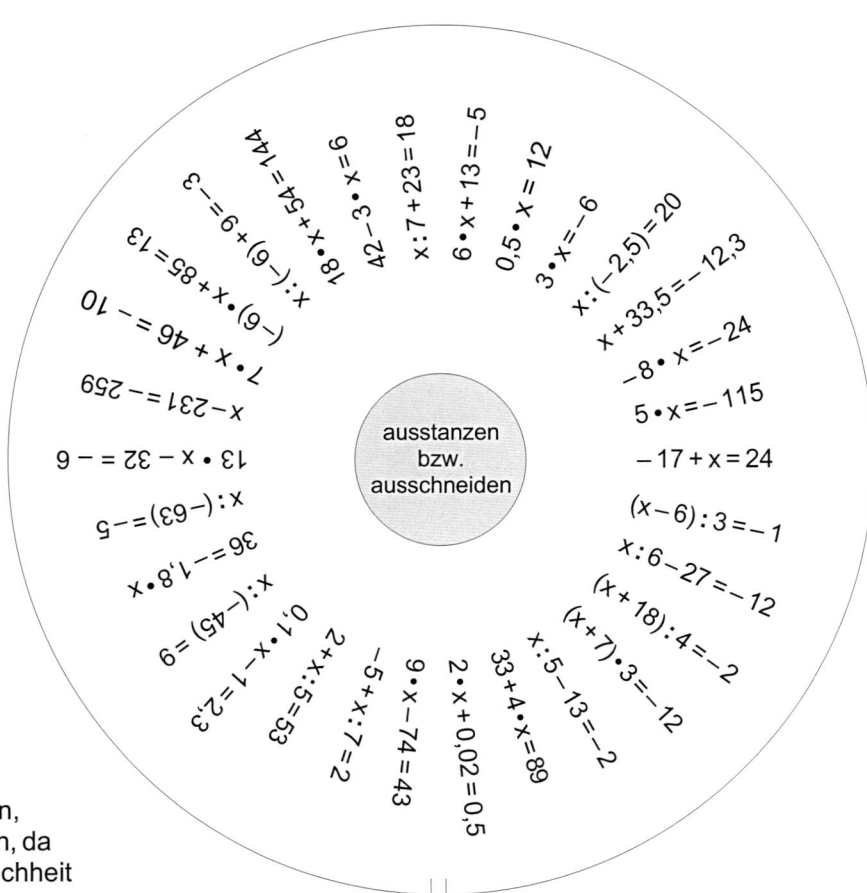

Scheiben ausschneiden,
aber nicht zerschneiden, da
sonst die Deckungsgleichheit
nicht gewährleistet ist,
umklappen und
zusammenkleben

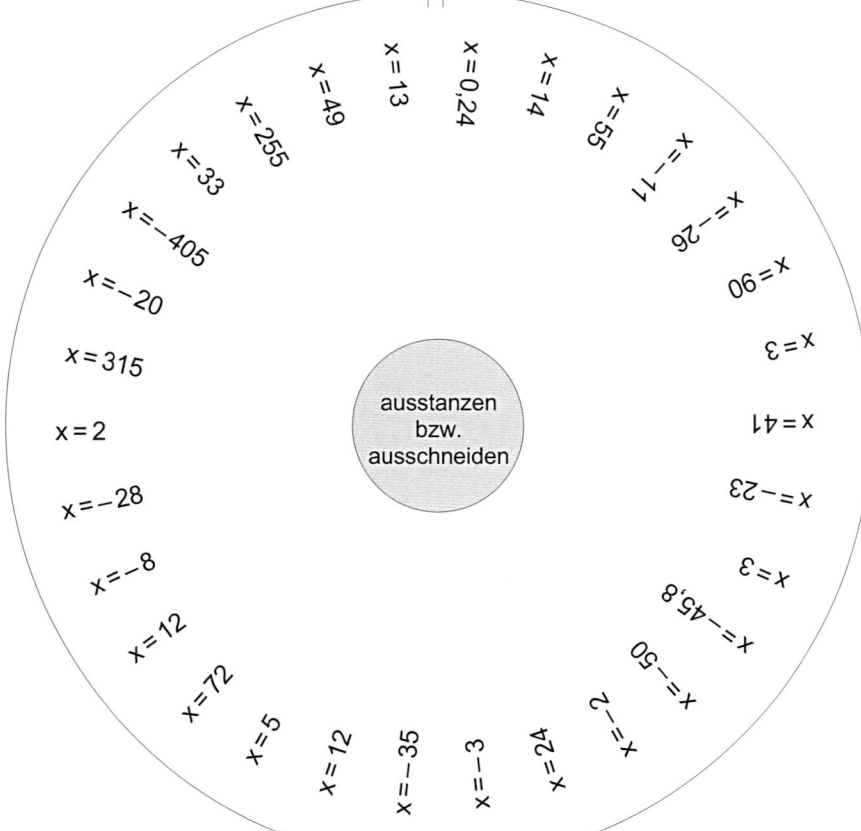

Wir rechnen mit Formeln

Bei Aufgaben aus dem Bereich der Geometrie lassen sich fehlende Größen oftmals mit einer Gleichung berechnen.

Beispiel: Ein Rechteck hat einen Umfang von 48 cm.
Die Seite a misst 15 cm. Wie lang ist die Seite b?

b = ? cm

a = 15 cm

Durch Probieren bekommst du sicherlich heraus,
wie lang die Seite b sein muss.

Es geht aber auch mit der Formel u = 2 • (a + b), die du in Klasse 5 gelernt hast.
Diese Formel stellst du nach der gesuchten Größe b um:

$$u = 2 \cdot (a + b) \qquad | : 2$$
$$\frac{u}{2} = a + b \qquad | - a$$
$$\frac{u}{2} - a = b$$

Wenn du jetzt die entsprechenden Zahlenwerte einsetzt, erhältst du die
Lösung: b = 9 cm

Aufgabe 1 Berechne jeweils die fehlende Seitenlänge. Stelle eine Gleichung mit den entsprechenden Buchstaben auf und löse sie.

a

a

u = 84 dm

A = 156 cm² | b = 12 cm

a

u = 69 m

a | a

a

b = 4,3 cm

a

u = 12,4 cm

Aufgabe 2 Wie groß sind die einzelnen Winkel? Stelle eine Gleichung mit den entsprechenden Buchstaben (α, β, γ) auf und löse sie.

a | α | a

α | α

a

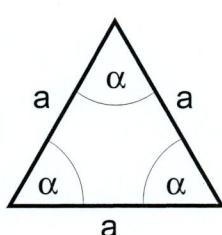

$\alpha = 72°$
$\gamma = 39°$

γ

α

β

$\gamma = 32°$

γ

α | α

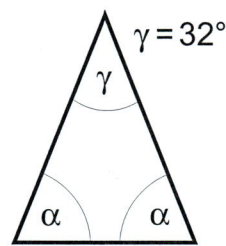

$\alpha = 49°$

α

β

Textaufgaben – kein Problem

Beim Lösen von Textaufgaben kommt es darauf an, dass du den Inhalt des Textes richtig in Terme umwandeln kannst. Manchmal ist eine Skizze, ein Schema oder eine Tabelle von Nutzen. Es empfiehlt sich auch, die Aufgabe mit einer beliebigen Zahl »durchzuspielen«.

Beachte die einzelnen Lösungsschritte:

1) Du bezeichnest die unbekannte Größe mit »x«.
2) Du übersetzt die Angaben des Textes in Terme.
3) Du stellst die Gleichung auf.
4) Du löst die Gleichung.
5) Du machst die Probe, indem du die Lösung am Text überprüfst.
6) Du gibst einen Antwortsatz.

Beispiel: Die Länge eines Rechtecks ist um 6 cm größer als die Breite.
Der Umfang des Rechtecks beträgt 48 cm.
Wie lang und wie breit ist das Rechteck?

Du bezeichnest die Breite des Rechtecks mit x.

Wie lang ist das Rechteck also?
Klar doch, $x + 6$.
Du weißt, der Umfang beträgt 48 cm.

Also:
$$2 \cdot [x + (x + 6)] = 48 \qquad |:2$$
$$x + x + 6 = 24$$
$$2 \cdot x + 6 = 24 \qquad |-6$$
$$2 \cdot x = 18 \qquad |:2$$
$$x = 9 \qquad \text{Das Rechteck ist 9 cm breit und 15 cm lang.}$$

Aufgabe 1

Wie heißt die Zahl?
Subtrahiert man vom 3-fachen einer Zahl 10,4, so erhält man 6,4.

Aufgabe 2

Wie heißt die Zahl?
Addiert man zu 95 das 13-fache einer Zahl, so erhält man 186.

Aufgabe 3

Der Earl of Nothing vermachte seinen vier Söhnen im Alter von 20, 22, 25 und 29 Jahren 250000 £ unter der Bedingung, dass der jeweils jüngere Sohn 5000 £ mehr erhält als sein älterer Bruder.

... kinderleicht erklärt

Prozentrechnung 1

Viele deutsche Kaufleute aus Augsburg, Ulm, Regensburg und anderen bedeutenden Handelszentren machten sich zur Zeit des Mittelalters nach Italien auf, um dort Schulen für Kaufleute zu besuchen.

Ein ganz wichtiger Begriff der damaligen Zeit war »per cento« und bedeutete so viel wie »von hundert«.

In der Mathematik kürzen wir Prozent durch % ab. Wie kam es dazu?

Vielleicht standen die italienischen Kaufleute immer unter Stress.

Anfangs schrieben sie so: *cento*

Das kürzten sie ab: *cto*

Es entwickelte sich eine kleine Variante: *cto*

Und wenn man das ein wenig schludrig schreibt, entsteht so etwas: *c/o*

Jetzt ist es nicht mehr allzu weit zu unserem heutigen Zeichen: *%*

Und da ist es endlich, unser heutiges Prozentzeichen: %

Merke: $7\% = \dfrac{7}{100}$ $28\% = \dfrac{28}{100}$ $50\% = \dfrac{50}{100}$ $130\% = \dfrac{130}{100}$

Kürze, wenn möglich: $\dfrac{28}{100} = \dfrac{7}{25}$ $\dfrac{50}{100} = \dfrac{1}{2}$ $\dfrac{130}{100} = \dfrac{13}{10}$

Aufgabe 1

Schreibe jede Prozentangabe als Hundertstel und kürze, wenn möglich:

a) 12 % =

b) 15 % =

c) 45 % =

d) 20 % =

e) 35 % =

f) 80 % =

g) 50 % =

h) 25 % =

Aufgabe 2

Wie viel Prozent der Fläche sind jeweils gekennzeichnet?

 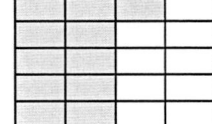 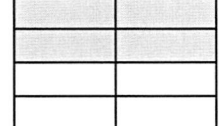 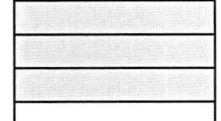 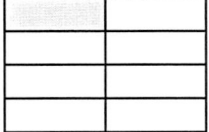

Aufgabe 3

Färbe in die Figuren den angegebenen Prozentsatz ein.

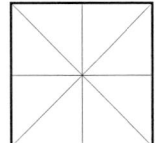 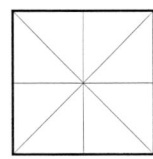 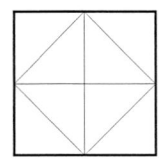 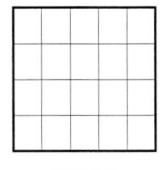 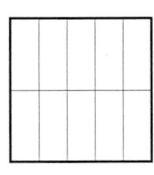 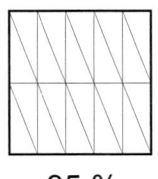 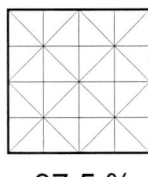

25 %   87,5 %   12,5 %   15 %   70 %   35 %   37,5 %

Aufgabe 4

Wie viel Prozent sind es jeweils? Rechne im Kopf.

a) 40 € von 50 €

b) 45 t von 180 t

c) 8 kg von 20 kg

d) 15 € von 25 €

e) 12 von 50 Schülern

f) 60 von 240 Sportlern

g) 46 t von 200 t

h) 9 $ von 45 $

Prozentrechnung II

Angaben wie 7 %, 15 %, 24 % oder 55 % heißen **Prozentsätze (p)**. Prozentsätze sind nur eine andere Schreibweise für Brüche mit dem Nenner 100:

$$p\% = \frac{p}{100} \qquad 7\% = \frac{7}{100} = 0,07$$

Aufgabe 1

Für einige Prozentsätze kannst du schnell Brüche angeben, mit denen du vorteilhaft rechnen kannst. Fülle die Tabelle aus und lerne die Brüche zu den angegebenen Prozentzahlen auswendig:

Prozentsatz	2 %	5 %	10 %	12,5 %	20 %	25 %	$33\frac{1}{3}$ %	37,5 %	50 %	62,5 %	$66\frac{2}{3}$ %	75 %	87,5 %
Angabe als Bruch mit dem Nenner 100													
gekürzter Bruch													

Aufgabe 2

Rechne mit dem passenden Bruch, dann geht´s etwas schneller. Wie viel sind

a) 25 % von 80 €?

b) 37,5 % von 16 t?

c) 5 % von 80 km²?

d) 20 % von 60 ha?

e) $33\frac{1}{3}$ % von 120 €?

f) 50 % von 428 kg?

g) 62,5 % von 240 l?

h) $66\frac{2}{3}$ % von 240 cm?

10 % von 350 € sind 35 €.
In der Prozentrechung spricht man vom **Grundwert G** (350 €), vom **Prozentwert W** (35 €) und dem **Prozentsatz p %** (10 %).

Aufgabe 3

Was ist der Grundwert (G), der Prozentwert (W) und der Prozentsatz (p %)?

a) 4 % von 80 € sind 3,20 €   G =   W =   p % =

b) 25 t sind 20 % von 125 t   G =   W =   p % =

c) 5 % von 40 km² sind 2 km²   G =   W =   p % =

d) 60 ha sind 200 % von 30 ha   G =   W =   p % =

Aufgabe 4

Bestimme den Grundwert G.

a) 25 % vom gesuchten Grundwert sind 500 €.

b) 7 % vom gesuchten Grundwert sind 14 kg.

c) 12,5 % vom gesuchten Grundwert sind 20 km.

d) $33\frac{1}{3}$ % vom gesuchten Grundwert sind 40 l.

e) 20 % vom gesuchten Grundwert sind 200 t.

Rechenscheibe: Prozentrechnung I

Du sollst dir ein Übungsgerät mit 30 Aufgaben zur Prozentrechnung basteln. Schneide also entlang der Scherensymbole die äußere Hülle aus. Ritze die Klebefalze mit einem Cuttermesser vorsichtig an, damit sie sich besser umknicken lassen. Schneide die zwei Fenster mit dem Cuttermesser aus. In diesen Fenstern sind die Aufgaben bzw. die Lösungen zu sehen.

Laschen anschneiden und nach unten klappen. Gelochte Drehscheibe mit Aufgaben aufsetzen (Rückseite Lösung). Laschen wieder runterklappen, Klebstoff auf Klebefalze und Laschen aufbringen und mit Vorderteil verkleben.

Klebefalzen

ausschneiden

Klebefalzen

anritzen, dann umknicken

Klebefalzen

Vorderteil

Wie viel sind 3 % von 700 €?

Rechung:

$$700 € \xrightarrow{\cdot \frac{3}{100}} ? €$$

$$\frac{700 €}{100} \cdot 3 = 7 € \cdot 3$$

$$W = 21 €$$

ALOYSIUS DREHWURMS RECHEN-TÜV

Prozentrechnung I

ausschneiden

Grundwert Prozentsatz

$$W = G \cdot p \% = G \cdot \frac{p}{100}$$

Prozentwert

Formel

$$3 \% \text{ von } 700 € = \frac{3}{100} \text{ von } 700 € = 21 €$$

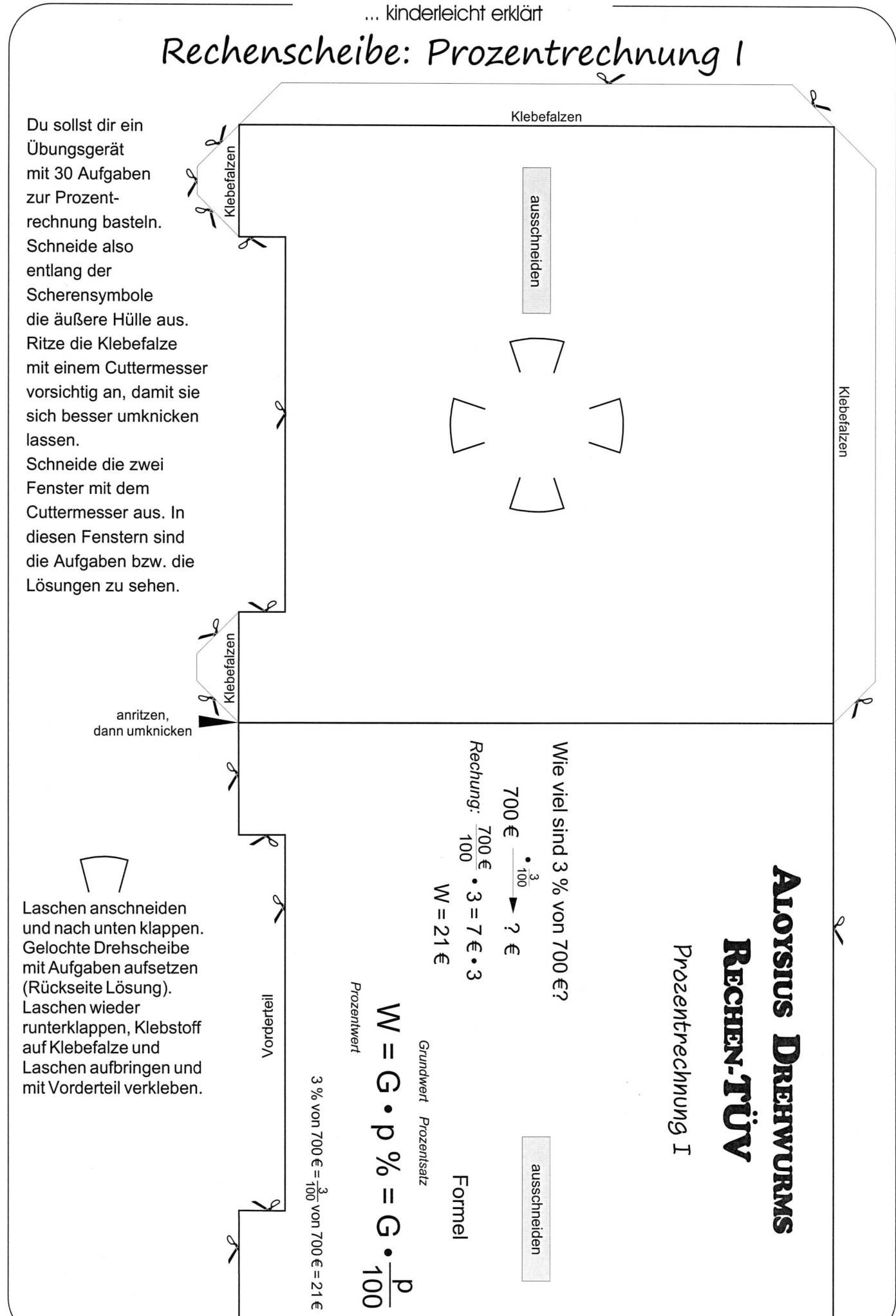

Rechenscheibe: Prozentrechnung I

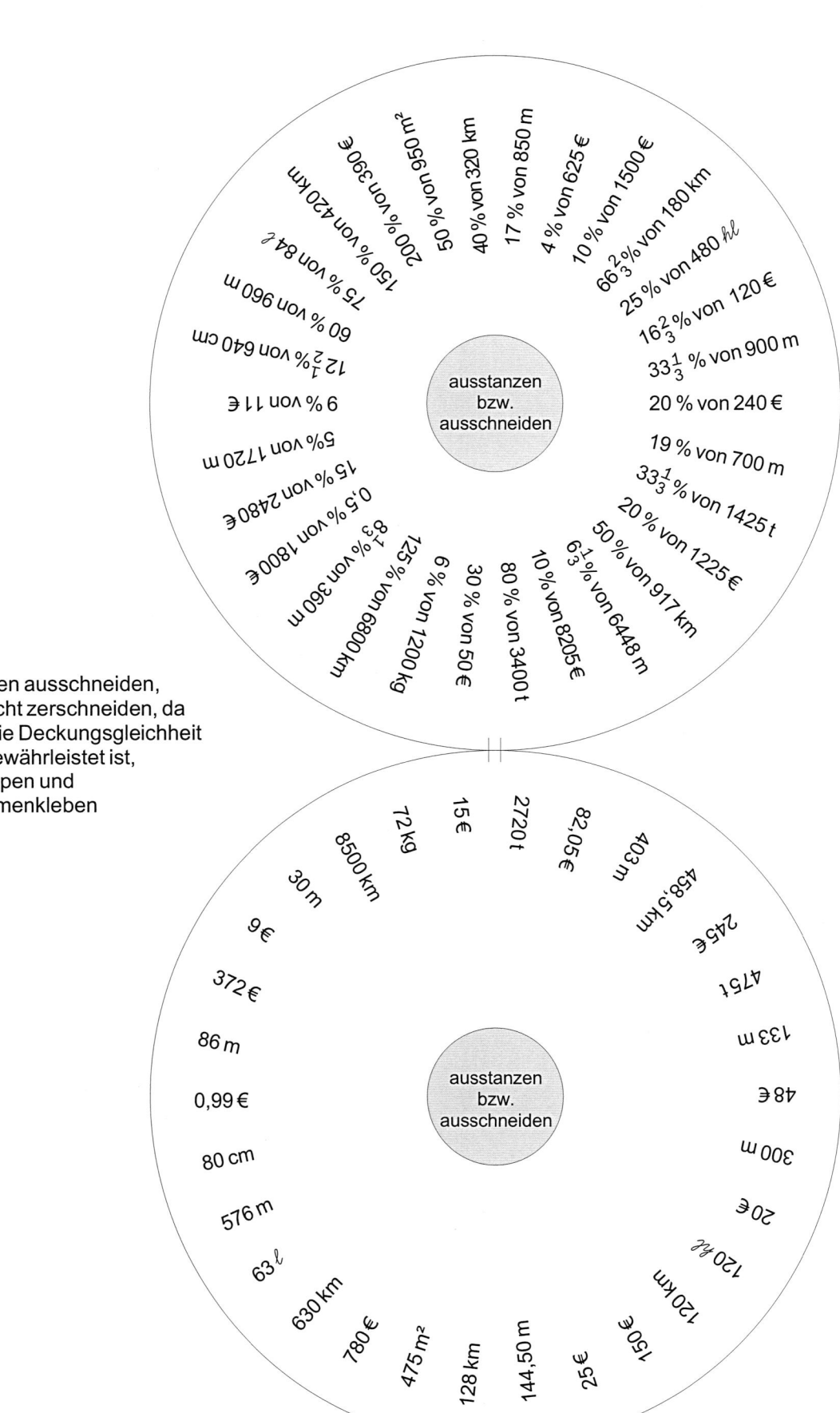

Scheiben ausschneiden, aber nicht zerschneiden, da sonst die Deckungsgleichheit nicht gewährleistet ist, umklappen und zusammenkleben

Obere Scheibe (Aufgaben):

40 % von 320 km
17 % von 850 m
4 % von 625 €
10 % von 1500 €
66⅔ % von 180 km
25 % von 480 hl
16⅔ % von 120 €
33⅓ % von 900 m
20 % von 240 €
19 % von 700 m
33⅓ % von 1425 t
20 % von 1225 €
50 % von 917 km
6⅓ % von 6448 m
10 % von 8205 €
80 % von 3400 t
30 % von 50 €
6 % von 1200 kg
125 % von 6800 km
8⅓ % von 360 m
0,5 % von 1800 €
15 % von 2480 €
5 % von 1720 m
9 % von 11 €
12½ % von 640 cm
60 % von 960 m
75 % von 84 ℓ
150 % von 420 km
200 % von 390 ℓ
50 % von 950 m²

Untere Scheibe (Lösungen):

8500 km
30 m
9 €
372 €
86 m
0,99 €
80 cm
576 m
63 ℓ
630 km
780 €
475 m²
128 km
144,50 m
25 €
150 €
120 km
120 hl
20 €
300 m
48 €
133 m
475 t
458,5 km
245 €
403 m
82,05 €
2720 t
15 €
72 kg

ausstanzen bzw. ausschneiden

Rechenscheibe: Prozentrechnung II

Du sollst dir ein Übungsgerät mit 30 Aufgaben zur Prozentrechnung basteln. Schneide also entlang der Scherensymbole die äußere Hülle aus. Ritze die Klebefalze mit einem Cuttermesser vorsichtig an, damit sie sich besser umknicken lassen. Schneide die zwei Fenster mit dem Cuttermesser aus. In diesen Fenstern sind die Aufgaben bzw. die Lösungen zu sehen.

Laschen anschneiden und nach unten klappen. Gelochte Drehscheibe mit Aufgaben aufsetzen (Rückseite Lösung). Laschen wieder runterklappen, Klebstoff auf Klebefalze und Laschen aufbringen und mit Vorderteil verkleben.

Klebefalzen

Klebefalzen

Klebefalzen

Klebefalzen

ausschneiden

anritzen, dann umknicken

Vorderteil

3 % sind 21 €.
Berechne den Grundwert G

$$? € \quad \begin{array}{c} \cdot\frac{3}{100} \\ \uparrow \quad \downarrow \\ :\frac{3}{100} \end{array} \quad 21 €$$

Rechung: 21 € : $\frac{3}{100}$ = 21 € · $\frac{100}{3}$

G = 700 €

ALOYSIUS DREHWURMS
RECHEN-TÜV

Prozentrechnung II

ausschneiden

Formel

$$G = \frac{W}{p\,\%} = W \cdot \frac{100}{p}$$

Prozentwert

Grundwert

Prozentsatz

$$G = \frac{21 \cdot 100}{3}$$

Von 700 € sind 3 % 21 €.

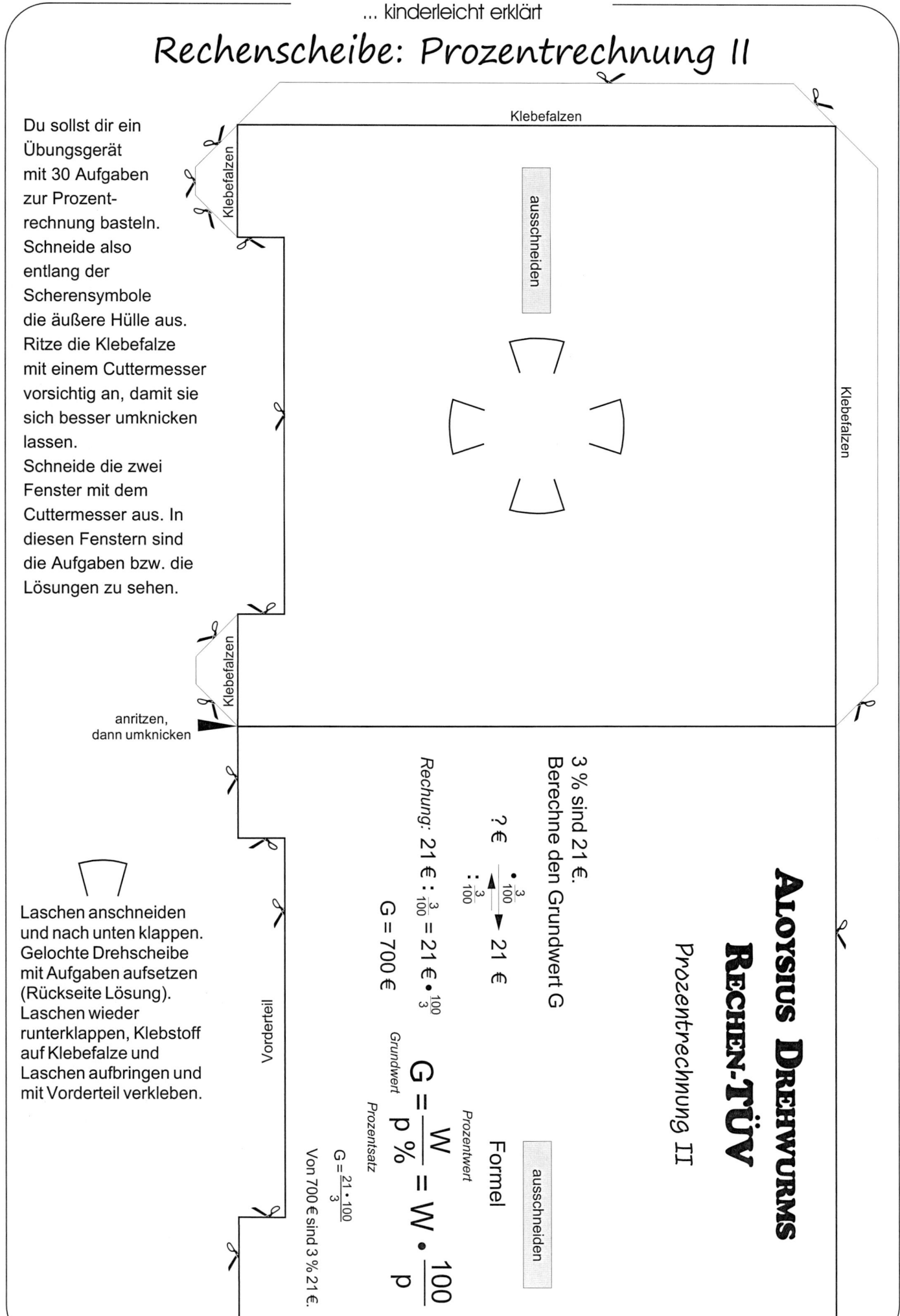

Rechenscheibe: Prozentrechnung II

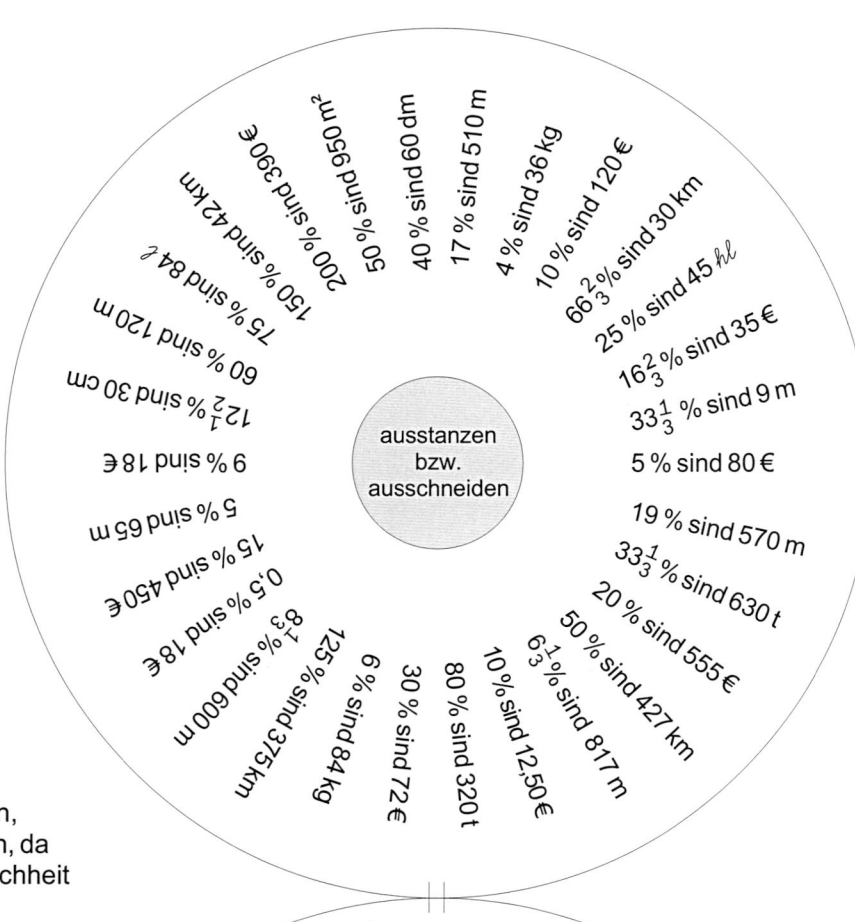

Scheiben ausschneiden,
aber nicht zerschneiden, da
sonst die Deckungsgleichheit
nicht gewährleistet ist,
umklappen und
zusammenkleben

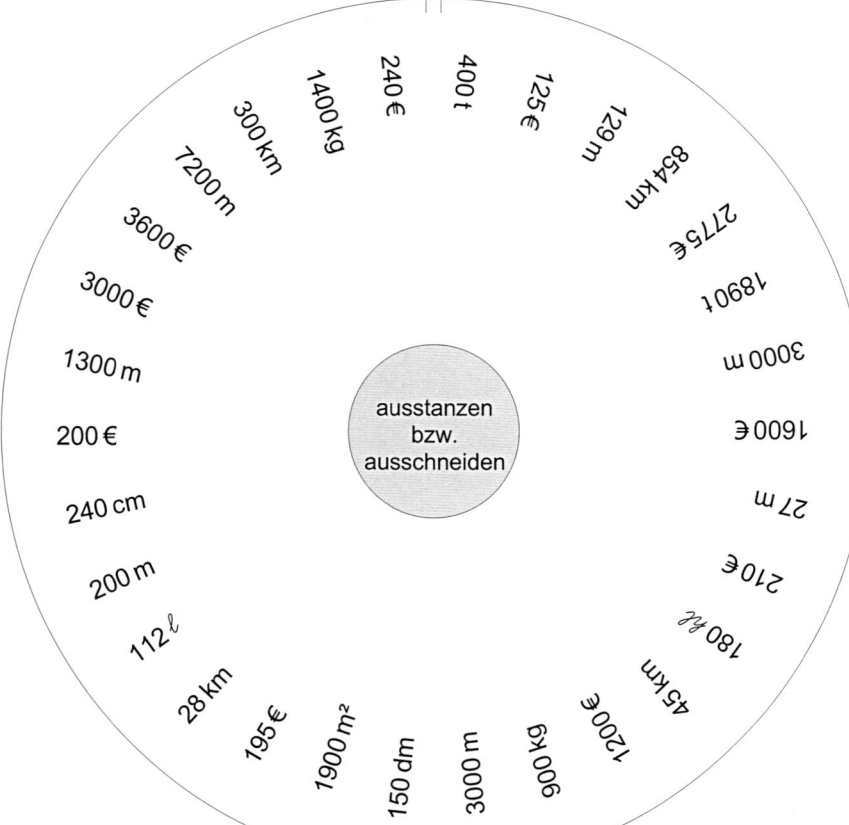

Rechenscheibe: Prozentrechnung III

Du sollst dir ein Übungsgerät mit 30 Aufgaben zur Prozent-rechnung basteln. Schneide also entlang der Scherensymbole die äußere Hülle aus. Ritze die Klebefalze mit einem Cuttermesser vorsichtig an, damit sie sich besser umknicken lassen. Schneide die zwei Fenster mit dem Cuttermesser aus. In diesen Fenstern sind die Aufgaben bzw. die Lösungen zu sehen.

anritzen, dann umknicken

Laschen anschneiden und nach unten klappen. Gelochte Drehscheibe mit Aufgaben aufsetzen (Rückseite Lösung). Laschen wieder runterklappen, Klebstoff auf Klebefalze und Laschen aufbringen und mit Vorderteil verkleben.

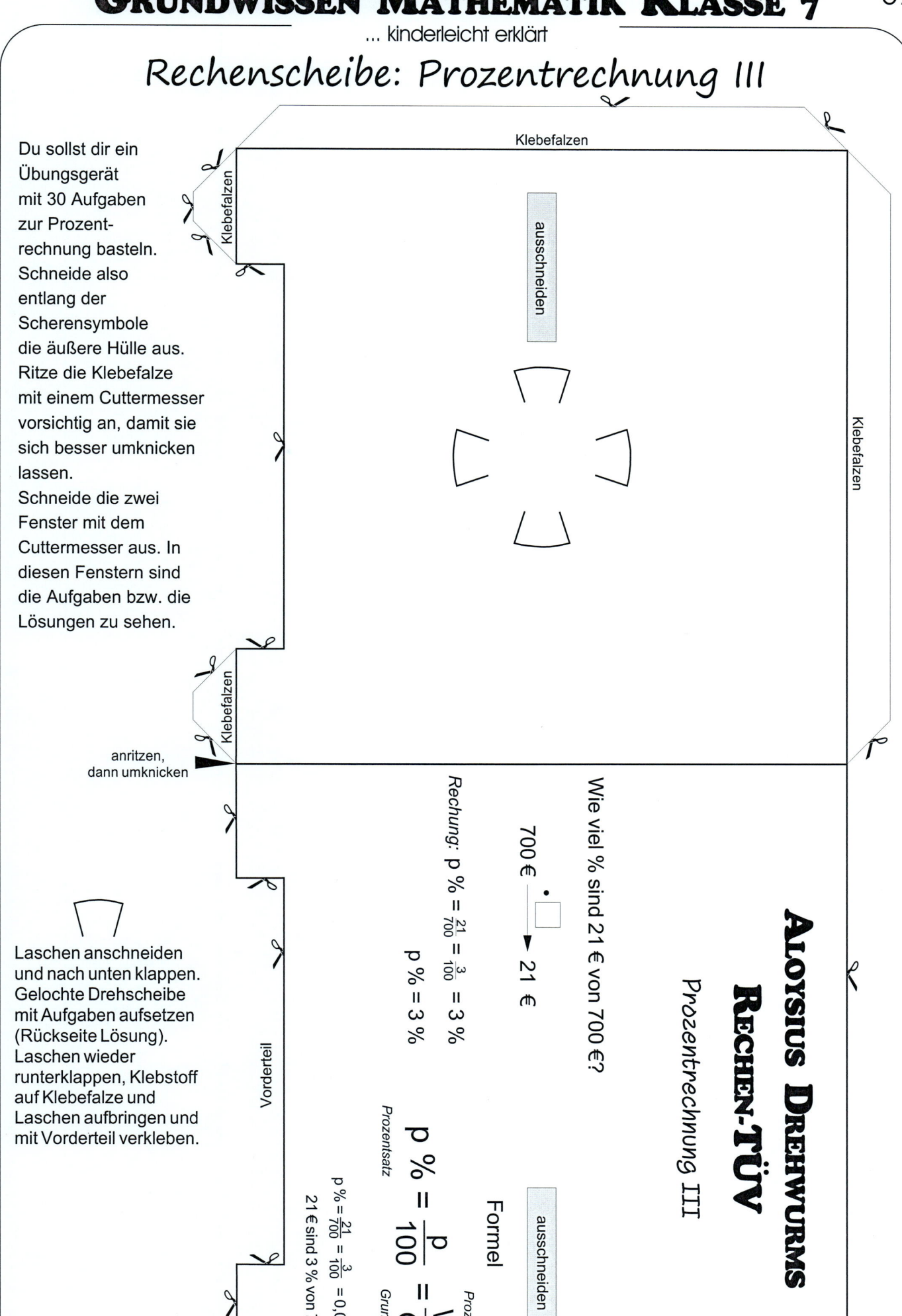

Klebefalzen

Klebefalzen

Klebefalzen

ausschneiden

Vorderteil

Wie viel % sind 21 € von 700 €?

$$700 \, € \cdot \boxed{} \rightarrow 21 \, €$$

Rechung: $p \, \% = \frac{21}{700} = \frac{3}{100} = 3 \, \%$

$p \, \% = 3 \, \%$

ALOYSIUS DREHWURMS RECHEN-TÜV

Prozentrechnung III

ausschneiden

Formel

$$p \, \% = \frac{p}{100} = \frac{W}{G}$$

Prozentwert

Prozentsatz

Grundwert

$p \, \% = \frac{21}{700} = \frac{3}{100} = 0,03 = 3 \, \%$

21 € sind 3 % von 700 €.

Rechenscheibe: Prozentrechnung III

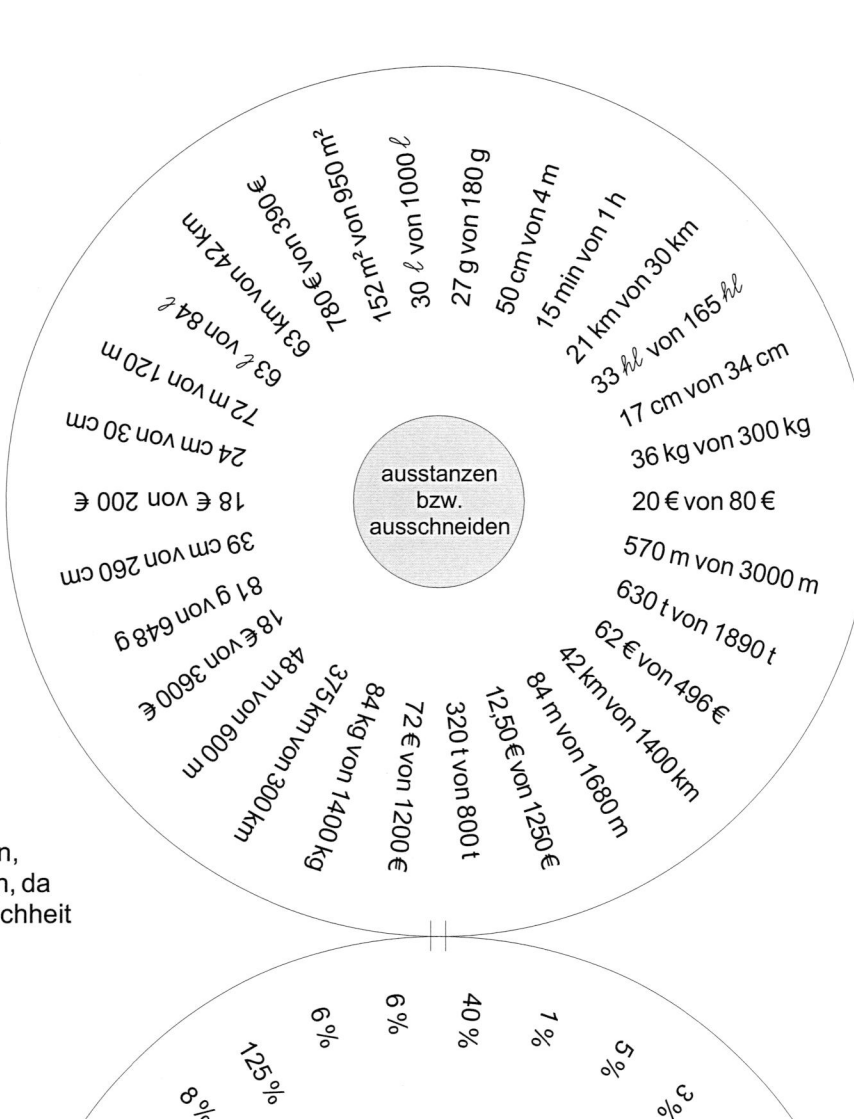

Scheiben ausschneiden, aber nicht zerschneiden, da sonst die Deckungsgleichheit nicht gewährleistet ist, umklappen und zusammenkleben

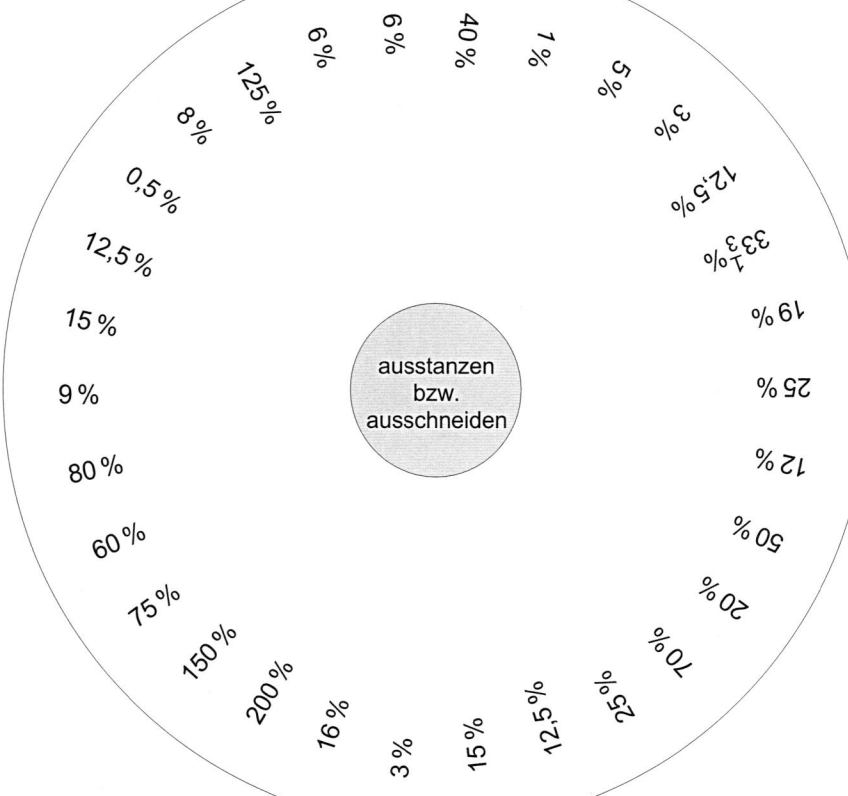

... kinderleicht erklärt

Zinsrechnung

Die Zinsrechnung ist eine Anwendung der Prozentrechnung.
Wenn du bei einer Bank Geld (K = Kapital) leihen oder sparen willst,
musst du dafür Zinsen (Z = Zinsen) zahlen oder erhältst Zinsen.
Der Zinssatz p % gibt an, wie viel Prozent dir die Bank in einem Jahr
an Zinsen abverlangt oder dir auszahlt.

Grundwert G $\triangleq$ Kapital K, Prozentwert W $\triangleq$ Zinsen Z für 1 Jahr,

Prozentsatz p % $\triangleq$ Zinssatz p %

$$Z = K \cdot p\% = K \cdot \frac{p}{100} \qquad K = Z \cdot \frac{1}{p\%} = Z \cdot \frac{100}{p} \qquad p\% = \frac{p}{100} = \frac{Z}{K}$$

Aufgabe 1   Berechne die Zinsen Z für ein Jahr.

K	600 €	400 €	750 €	2000 €	2200 €	75 €	1500 €
p %	7 %	3 %	6 %	2,5 %	4 %	8 %	4,5 %
Z							

Aufgabe 2   Ergänze die fehlenden Werte in der Tabelle.

K		9000 €	7500 €		800 €		2500 €
p %	2,5 %		9 %	25 %		12 %	5 %
Z	17,50 €	1350 €		50 €	56 €	54 €	

Aufgabe 3   Susi Zuki möchte sich ein neues Motorrad kaufen.
Da sie kein Geld hat, leiht sie sich 6 000 € bei
ihrer Bank »Whole lot o´ credit« zu einem
Zinssatz von 13,5 %.
Welchen Betrag muss Susi Zuki nach einem
Jahr zurückzahlen?

Aufgabe 4   Barni Baufix möchte sich ein neues
Haus kaufen. An Zinsen könnte er
jährlich 9100 € aufbringen.
Der Verein BHW (Bauen heißt warten)
nimmt für Baukredite einen Zinssatz
von 6,5 %. In welcher Höhe kann
Barni Baufix den Kredit aufnehmen?

Aufgabe 5   Lord Earnnix vermachte seinem Neffen Charlie von Walisien
750 000 £. Charlie gab das Geld auf seine Bank »Cash und Carry«,
hob *monatlich* die Zinsen in Höhe von 4687,50 £ ab und lebte damit
herrlich und in Freuden. Mit welchem Zinssatz wurde das Geld seines
Onkels verzinst?

GRUNDWISSEN MATHEMATIK KLASSE 7

... kinderleicht erklärt

Winkelpaare

Wenn sich zwei Geraden schneiden, so entstehen vier Winkel. Nebeneinanderliegende Winkel nennt man **Nebenwinkel**. Nebenwinkel ergänzen sich zu 180°.
Die gegenüberliegenden Winkel nennt man **Scheitelwinkel**. Sie sind gleich groß.

Werden zwei Parallelen von einer Geraden geschnitten, so gibt es zu jedem Winkel, der an der einen Parallelen entsteht, einen gleich großen Winkel an der anderen Parallelen.

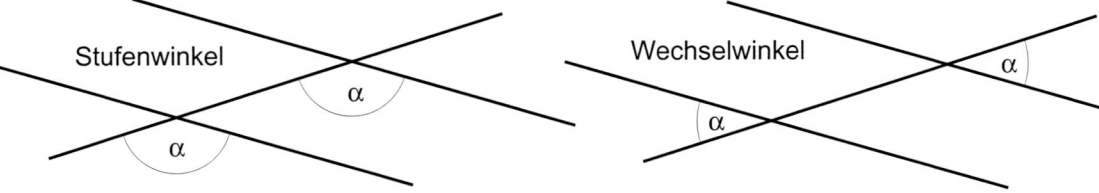

Stufen- und **Wechselwinkel** sind gleich groß.

Aufgabe 1 Damit du die vier verschiedenen Winkelarten besser auseinanderhalten kannst, sollst du zusammen mit deinem Tischnachbarn ein kleines Modell erstellen.

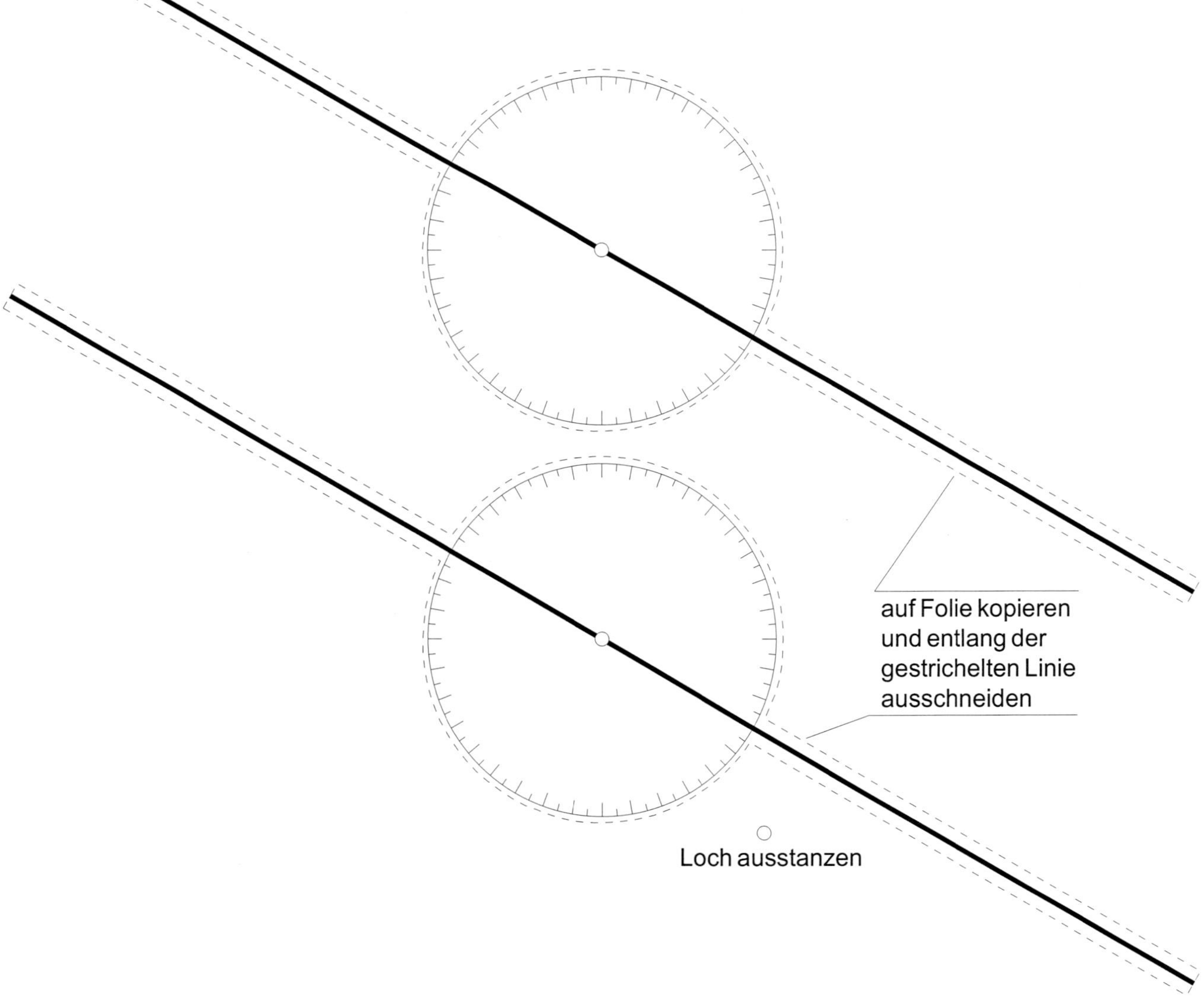

auf Folie kopieren und entlang der gestrichelten Linie ausschneiden

Loch ausstanzen

... kinderleicht erklärt

Winkelpaare

Aufgabe 2

Befestige die beiden Winkelscheiben mit Druckknöpfen oder Briefklammern so an die Unterlage, dass sie sich gut drehen lassen. Stelle die Winkelscheiben so ein, dass die beiden Geraden parallel verlaufen.
Zeige dann auf einen Winkel und stelle deinem Nachbarn ein paar Fragen. Wechselt euch mit den Fragen ab.

○ Loch ausstanzen

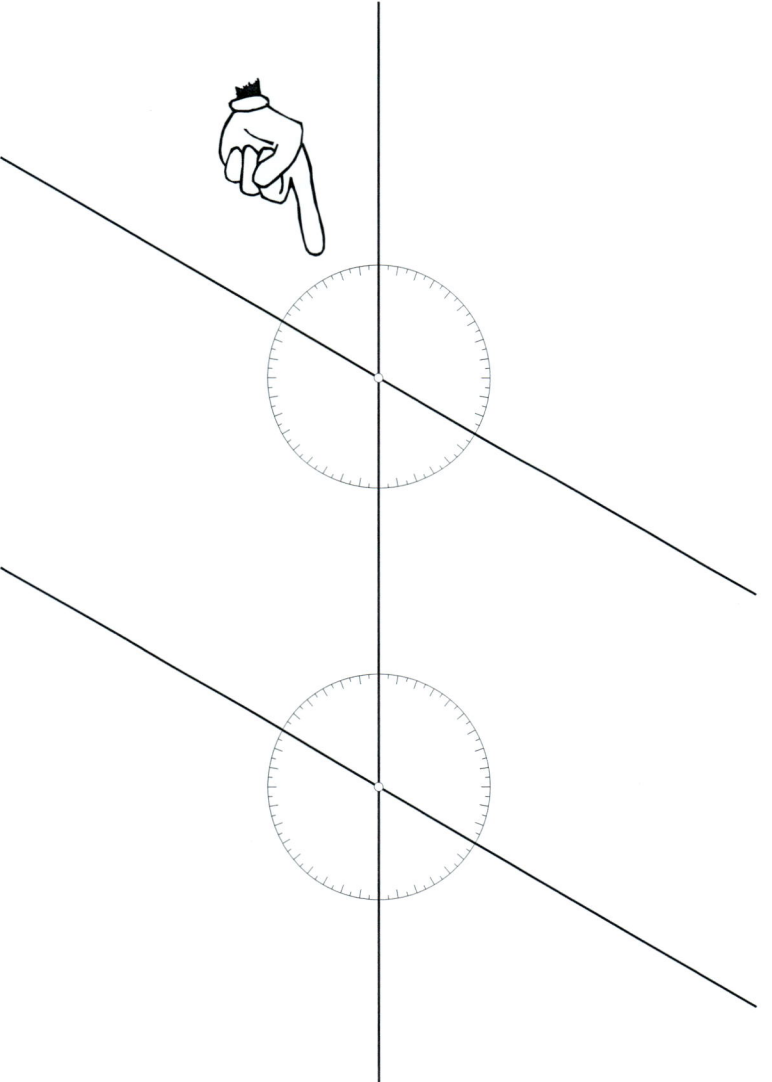

Beispiele:
Wie groß ist dieser Winkel?
Ist es ein spitzer (stumpfer) Winkel?
Wie groß ist der Nebenwinkel dieses Winkels?
Wo liegt der Scheitelwinkel dieses Winkels?
Zeige mir den Stufenwinkel zu diesem Winkel.
Wie groß ist der Wechselwinkel dieses Winkels?

Winkelsumme im Dreieck

In jedem Dreieck (spitzwinklig, rechtwinklig, stumpfwinklig, gleichschenklig oder gleichseitig) ist die Winkelsumme 180°: $\alpha + \beta + \gamma = 180°$

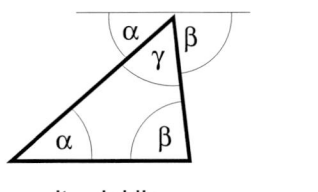

spitzwinklig:
alle Winkel sind
kleiner als 90°

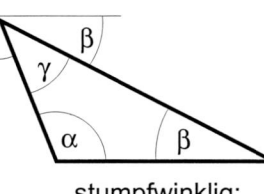

stumpfwinklig:
ein Winkel ist
größer als 90°

rechtwinklig:
ein Winkel ist
90° groß

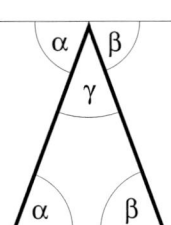

gleichschenklig:
zwei Basiswinkel
sind gleich groß,
zwei Seiten sind
gleich lang

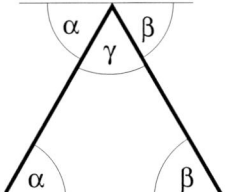

gleichseitig:
alle Winkel sind
60° groß, alle
Seiten sind
gleich lang

Aufgabe 1

Nimm dein gebasteltes Modell und stelle dir ein Dreieck her.
Dein Nachbar soll den Winkel an der Spitze berechnen.
Wechselt euch ab. Versucht möglichst verschiedene Dreiecksformen zu bilden.

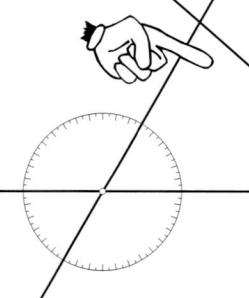

Aufgabe 2

Berechne die Größe der Winkel α, β, γ und δ.

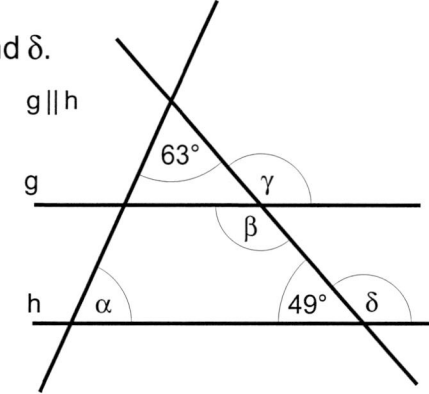

Aufgabe 3

Wie groß ist der fehlende Winkel? Ist das Dreieck spitzwinklig (sp), stumpfwinklig (st), rechtwinklig (re), gleichschenklig (gl) oder gleichseitig (gs)?

	a	b	c	d	e	f	g	h	i	j	k	l
α	35°	49°	5°	72°	83°	60°			56°	45°	53°	90°
β				54°	7°		120°	43°		70°		
γ	55°	49°	25°			60°	30°	31°	41°		35°	45°

... kinderleicht erklärt

Dreieckskonstruktion (SSS)

Sind von einem Dreieck alle drei Seiten (SSS) bekannt, kannst du das Dreieck eindeutig konstruieren.

Gegeben: a = 1,7 cm, b = 2,2 cm, c = 2,8 cm

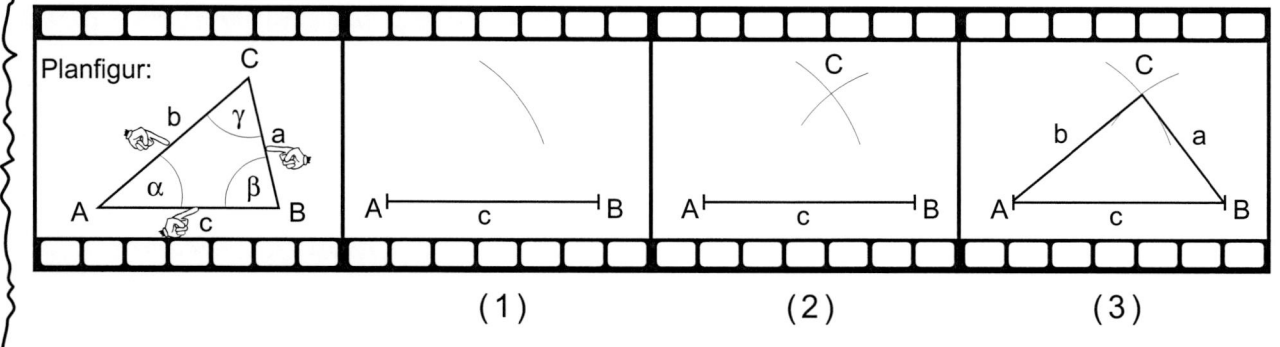

(1)   (2)   (3)

Aufgabe **1**   Wo gehören die Konstruktionsschritte hin, nach (1), (2) oder (3)?

Benenne den Schnittpunkt der Kreisbögen mit C.

Zeichne um A einen Kreisbogen mit dem Radius b = 2,2 cm.

Zeichne die Strecke $\overline{AB}$ (c = 2,8 cm).

Verbinde A mit C und B mit C.

Zeichne um B einen Kreisbogen mit dem Radius a = 1,7 cm.

Aufgabe **2**   Führe die folgenden Konstruktionsschritte aus. Welches Dreieck erhältst du?

Zeichne die Strecke $\overline{BC}$ (a = 5 cm)

Zeichne um B einen Kreisbogen mit dem Radius c = 6 cm.

Zeichne um C einen Kreisbogen mit dem Radius b = 6 cm.

Benenne den Schnittpunkt der Kreisbögen mit A.

Verbinde B mit A und C mit A.

Aufgabe **3**   Führe die folgenden Konstruktionsschritte aus. Welches Dreieck erhältst du?

Zeichne die Strecke $\overline{AB}$ (c = 4 cm)

Zeichne um A einen Kreisbogen mit dem Radius b = 3 cm.

Zeichne um B einen Kreisbogen mit dem Radius a = 5 cm.

Benenne den Schnittpunkt der Kreisbögen mit C.

Verbinde A mit C und B mit C.

Aufgabe **4**   Was meinst du zu der folgenden Konstruktionsanleitung? Probleme? Warum?

Zeichne die Strecke $\overline{AB}$ (c = 7 cm)

Zeichne um A einen Kreisbogen mit dem Radius b = 2 cm.

Zeichne um B einen Kreisbogen mit dem Radius a = 4 cm.

Benenne den Schnittpunkt der Kreisbögen mit C.

Verbinde A mit C und B mit C.

Dreieckskonstruktion (WSW)

Sind von einem Dreieck eine Seite und die beiden anliegenden Winkel (WSW) bekannt, kannst du das Dreieck eindeutig konstruieren.

Gegeben: c = 2,8 cm, α = 42°, β = 68°

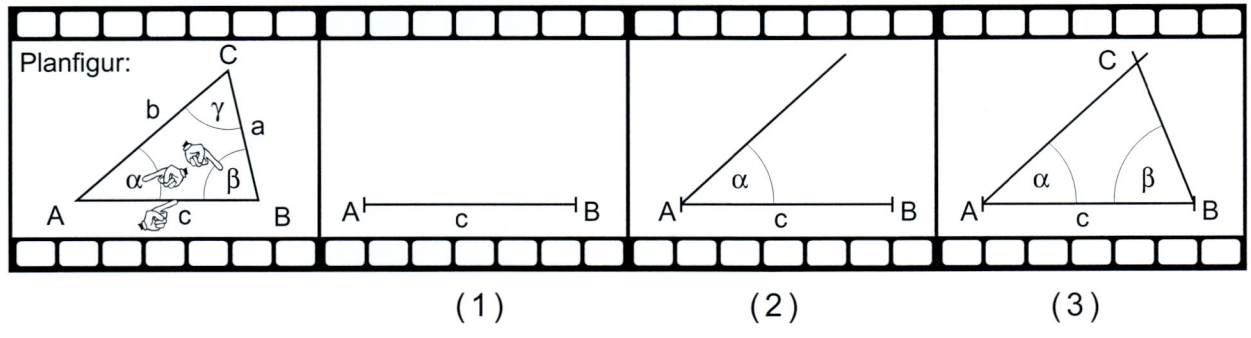

(1)   (2)   (3)

Aufgabe 1   Wo gehören die Konstruktionsschritte hin, nach (1), (2) oder (3)?

Benenne den Schnittpunkt der freien Schenkel mit C.

Trage in A den Winkel α = 42° an.

Trage in B den Winkel β = 68° an.

Zeichne die Strecke $\overline{AB}$ (c = 2,8 cm).

Aufgabe 2

Von einem Punkt B aus wird die Spitze des Eiffelturms unter einem Winkel α = 27° angepeilt. Nähert man sich dem Turm um 350 m und peilt die Spitze erneut an, erscheint sie unter einem Winkel ϵ = 49°. Die Winkel wurden aus einer Augenhöhe von 1,75 m gemessen. Zeichne das Dreieck im Maßstab 1 : 5000 und ermittle, wie hoch der Eiffelturm ist.

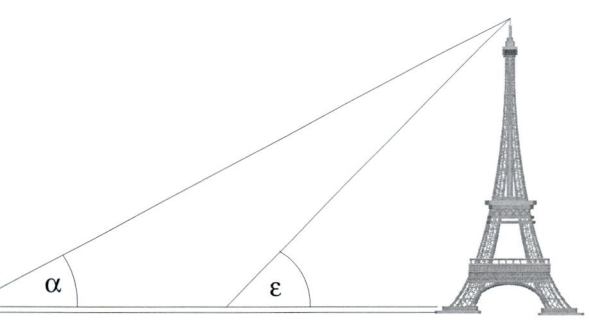

Aufgabe 3   Kannst du anhand der Planfigur die Konstruktionsschritte in die richtige Reihenfolge bringen? Führe die Konstruktion in deinem Heft durch.

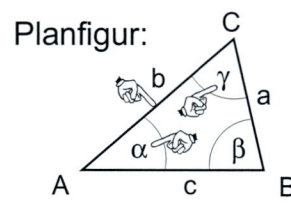

Planfigur:

gegeben:
b = 4,6 cm
α = 35°
γ = 67°

Trage in C den Winkel γ = 67° an.

Benenne den Schnittpunkt der freien Schenkel mit B.

Trage in A den Winkel α = 35° an.

Zeichne die Strecke $\overline{AC}$ (b = 4,6 cm).

Aufgabe 4   Warum lässt sich kein Dreieck aus a = 12 cm, β = 92°, γ = 112° konstruieren?

... kinderleicht erklärt

Dreieckskonstruktion (SWS)

Sind von einem Dreieck zwei Seiten und der eingeschlossene Winkel (SWS) bekannt, kannst du das Dreieck eindeutig konstruieren.

Gegeben: c = 2,8 cm, a = 1,7 cm, β = 42°

Es ergibt sich folgende Konstruktionsbeschreibung:

(1) | Planfigur

(2) | Zeichne die Strecke $\overline{AB}$ (c = 2,8 cm).

(3) | Trage in B den Winkel β = 42° an.

(4) | Zeichne um B Kreisbogen mit Radius a = 1,7 cm.

(5) | Benenne den Schnittpunkt C

(6) | Verbinde C mit A

Aufgabe 1 Ordne die Bilder der Konstruktionsbeschreibung zu. Konstruiere dann selbst dieses Dreieck.

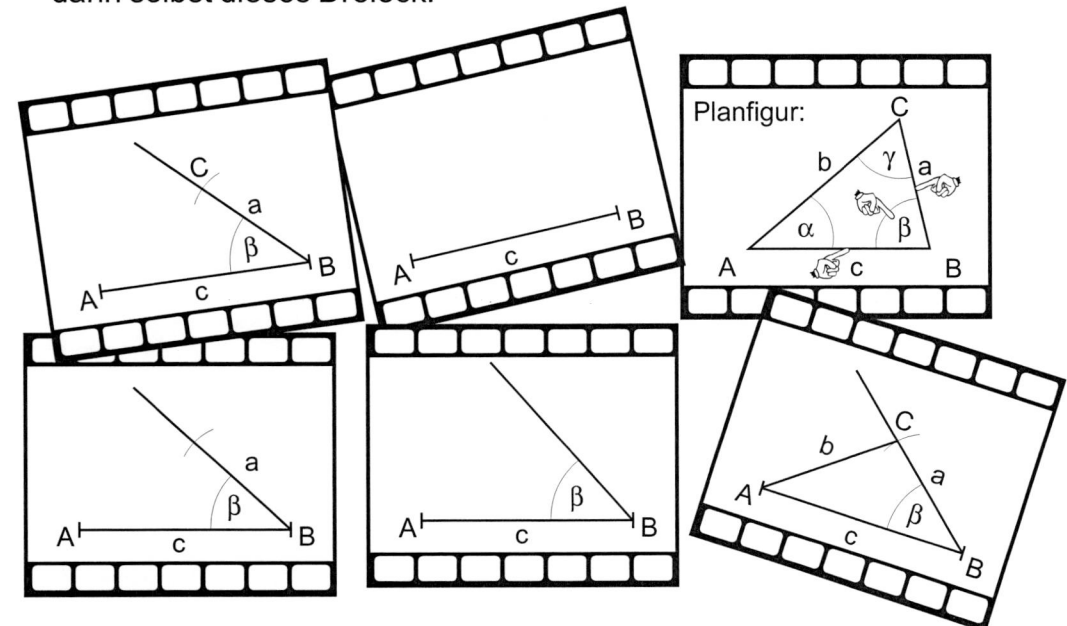

Aufgabe 2 Weil im Gebiet zwischen A und C ein schreckliches Ungeheuer haust, will man das Gelände untertunneln. Dazu werden die Punkte A und C vom Punkt B aus angepeilt und der Winkel β mit 43° ermittelt. Konstruiere das Dreieck im Maßstab 1 : 10000 und ermittle, wie lang der Tunnel mindestens wird.

Tyrannomathematikus Rex

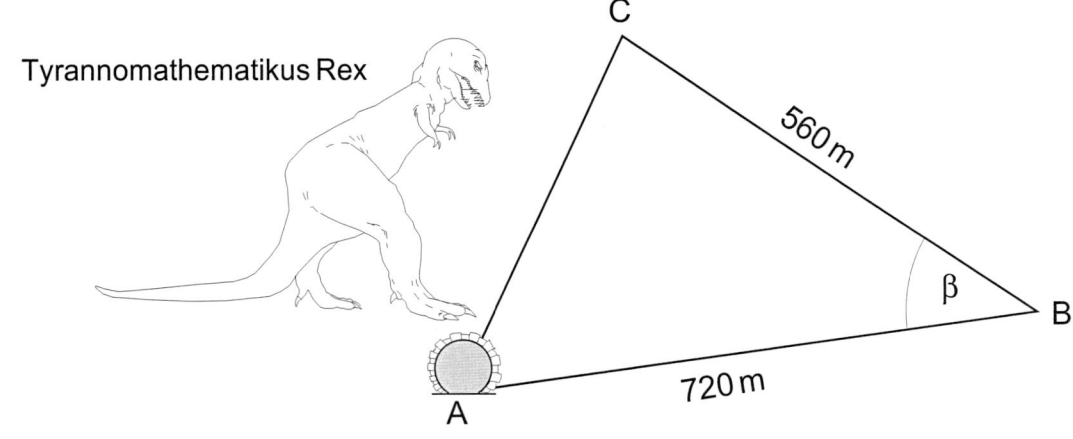

Dreieckskonstruktion (SSW)

Sind von einem Dreieck zwei Seiten und der einer dieser Seiten gegenüberliegende Winkel bekannt, so kannst du das Dreieck eindeutig konstruieren, wenn der gegebene Winkel der größeren Seite gegenüberliegt.

Gegeben: c = 1,8 cm, b = 2,5 cm, β = 42°

Es ergibt sich folgende Konstruktionsbeschreibung:

(1) Planfigur

(2) Zeichne die Strecke $\overline{AB}$ (c = 1,8 cm).

(3) Trage in B den Winkel β = 42° an.

(4) Zeichne um A Kreisbogen mit Radius b = 2,5 cm .

(5) Benenne den Schnittpunkt C

(6) Verbinde C mit A

Aufgabe 1 Ordne die Bilder der Konstruktionsbeschreibung zu. Konstruiere dann selbst dieses Dreieck.

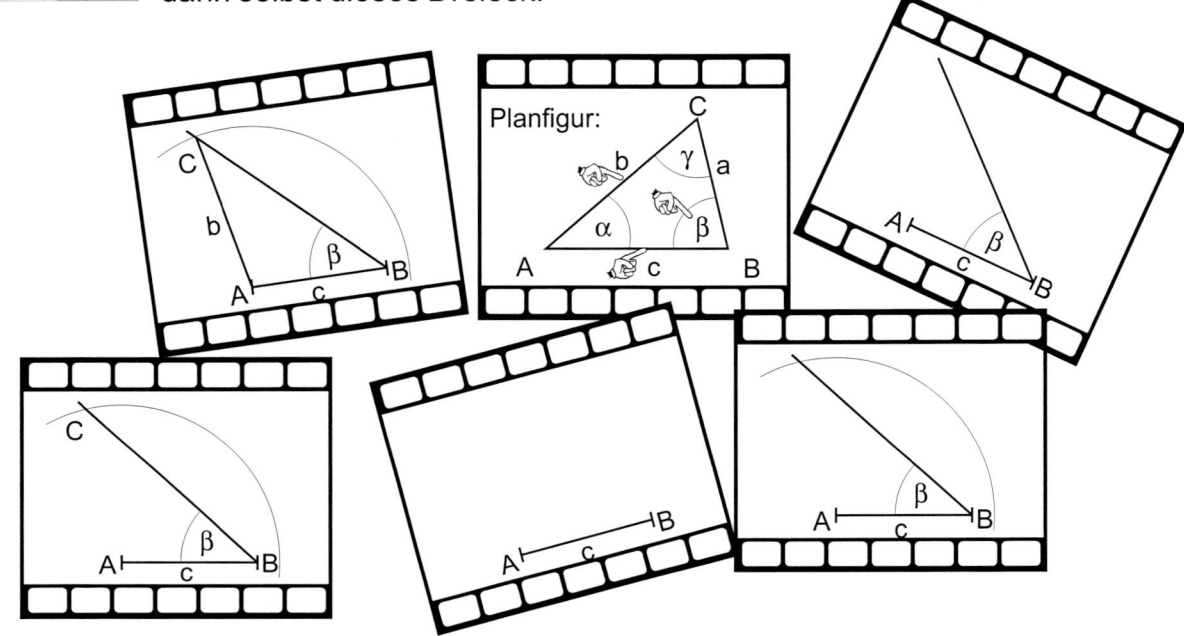

Aufgabe 2 Finde Beispiele, wo die Konstruktion nicht eindeutig ist und sich eine der folgenden drei Möglichkeiten ergibt.

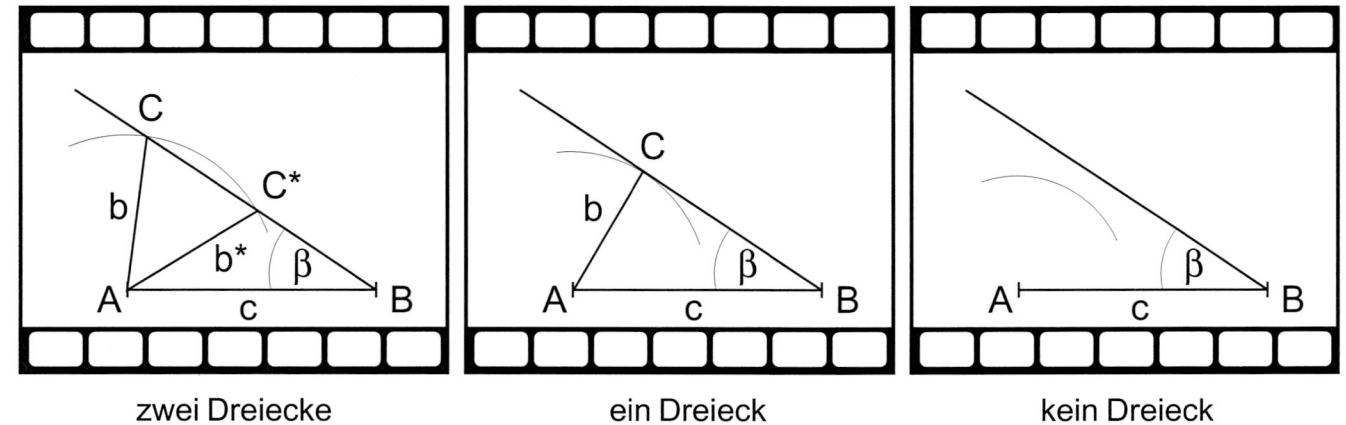

zwei Dreiecke   ein Dreieck   kein Dreieck

Grundkonstruktion: Winkelhalbierende

Die Winkelhalbierende eines Winkels w_α ist die Symmetrieachse des Winkels α.

Jeder Punkt auf w_α hat von den beiden Schenkeln des Winkels denselben Abstand.
So konstruierst du die Winkelhalbierende:

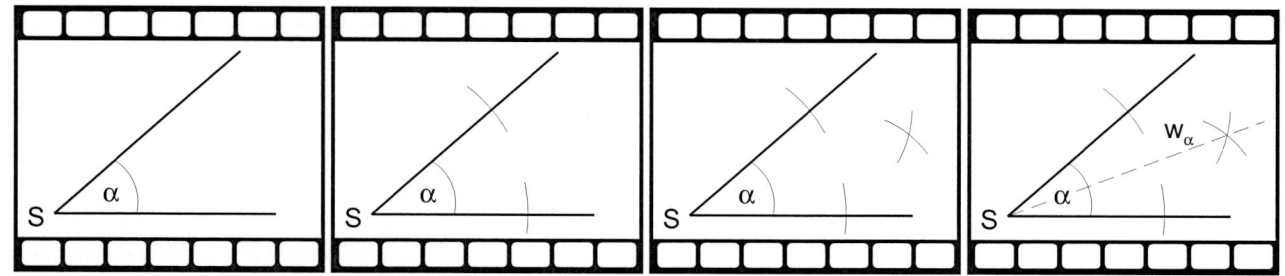

Aufgabe 1 Übertrage die Winkel in dein Heft. Konstruiere bei jedem Winkel die Winkelhalbierende.

a)   b)   c)

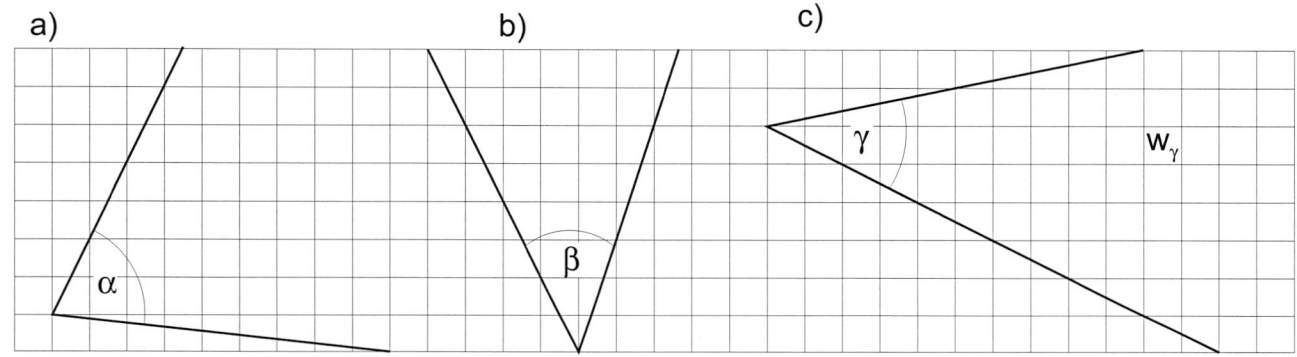

Aufgabe 2 Konstruiere mit Zirkel und Lineal einen Winkel 90° (45°, 22,5°)

Aufgabe 3 Konstruiere die Winkelhalbierenden der vier Winkel α, β, γ, δ des Quadrats. Was fällt dir auf?

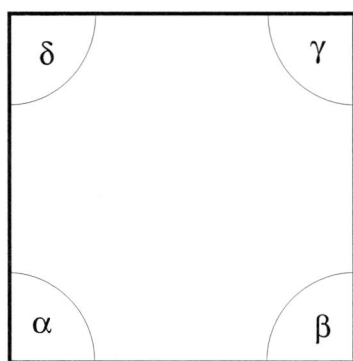

Grundkonstruktion: Mittelsenkrechte

Die Mittelsenkrechte einer Strecke $\overline{AB}$ halbiert die Strecke und steht senkrecht auf ihr. Für jeden Punkt P der Mittelsenkrechten gilt: Die Strecken $\overline{PA}$ und $\overline{PB}$ sind gleich lang. So konstruierst du die Mittelsenkrechte:

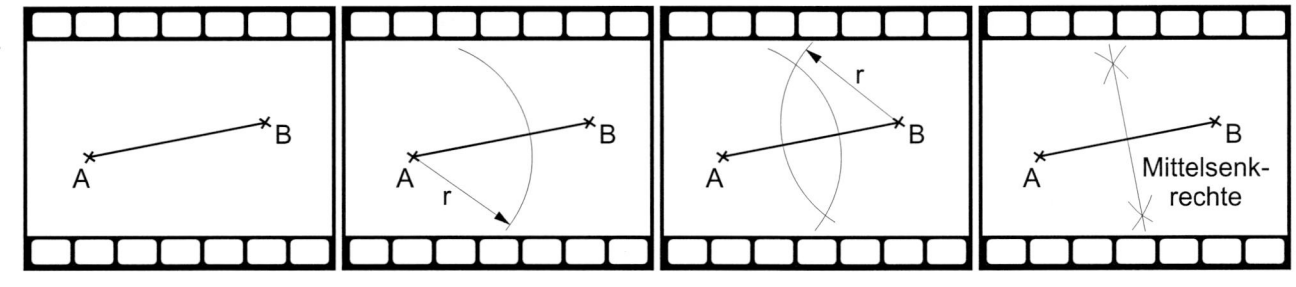

Aufgabe **1** Konstruiere die Mittelsenkrechte der Strecke $\overline{AB}$.

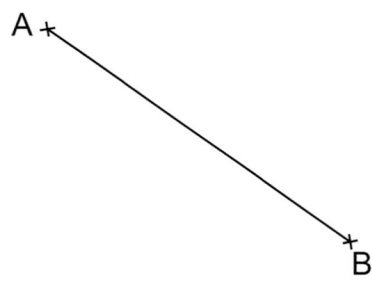

Aufgabe **2** Im Koordinatensystem sind folgende Punkte gegeben:
A(2|2), B(9|7) und C(1|8).
Verbinde sie zu einem Dreieck und konstruiere die Mittelsenkrechten der drei Seiten. Was fällt dir auf?

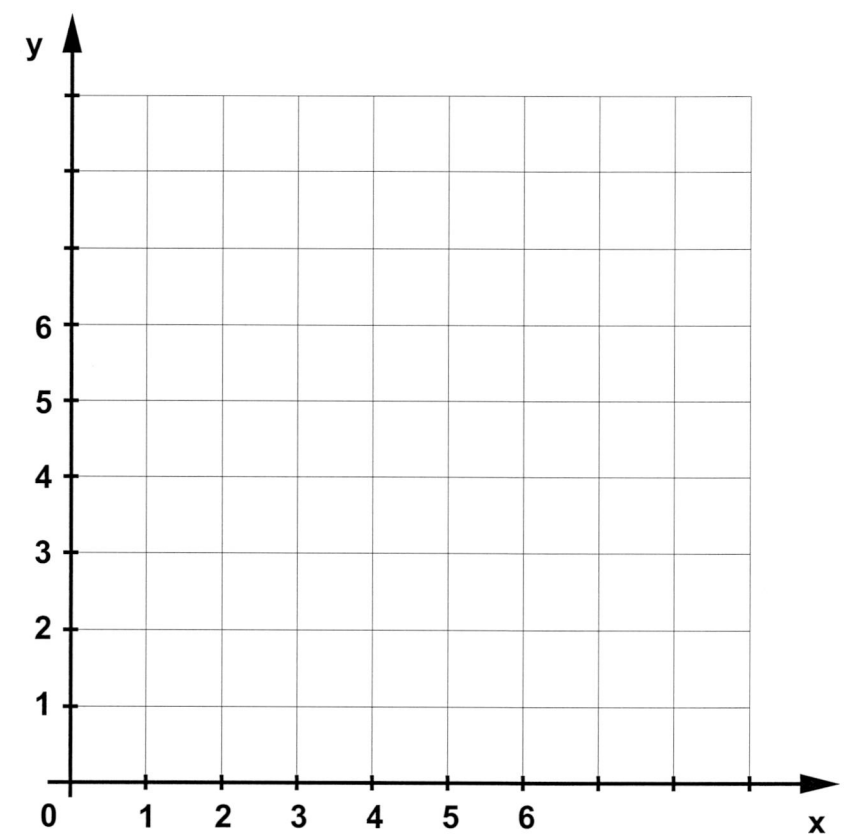

... kinderleicht erklärt

Inkreis eines Dreiecks

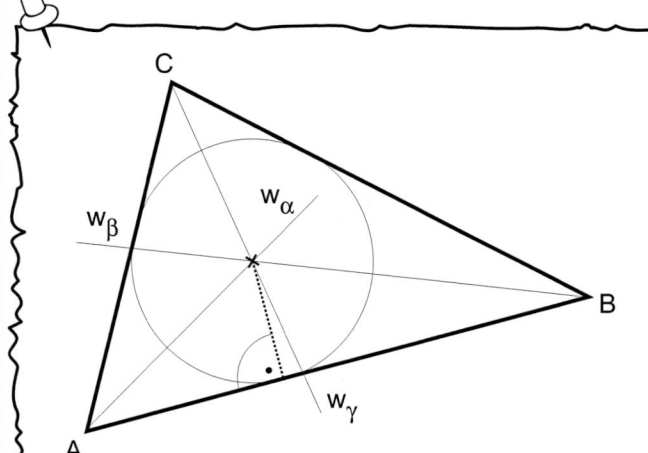

Der Kreis, der die drei Seiten eines Dreiecks berührt, heißt **Inkreis** des Dreiecks.
In jedem Dreieck schneiden sich die Winkelhalbierenden der drei Winkel des Dreiecks im Mittelpunkt des Inkreises.
Du erhältst den Inkreisradius, indem du vom Mittelpunkt des Inkreises die Senkrechte zu einer Dreiecksseite zeichnest.

Aufgabe 1

Im Koordinatensystem sind folgende Punkte gegeben A(1|1), B(11|4) und C(3|9). Verbinde sie zu einem Dreieck und konstruiere den Inkreis.

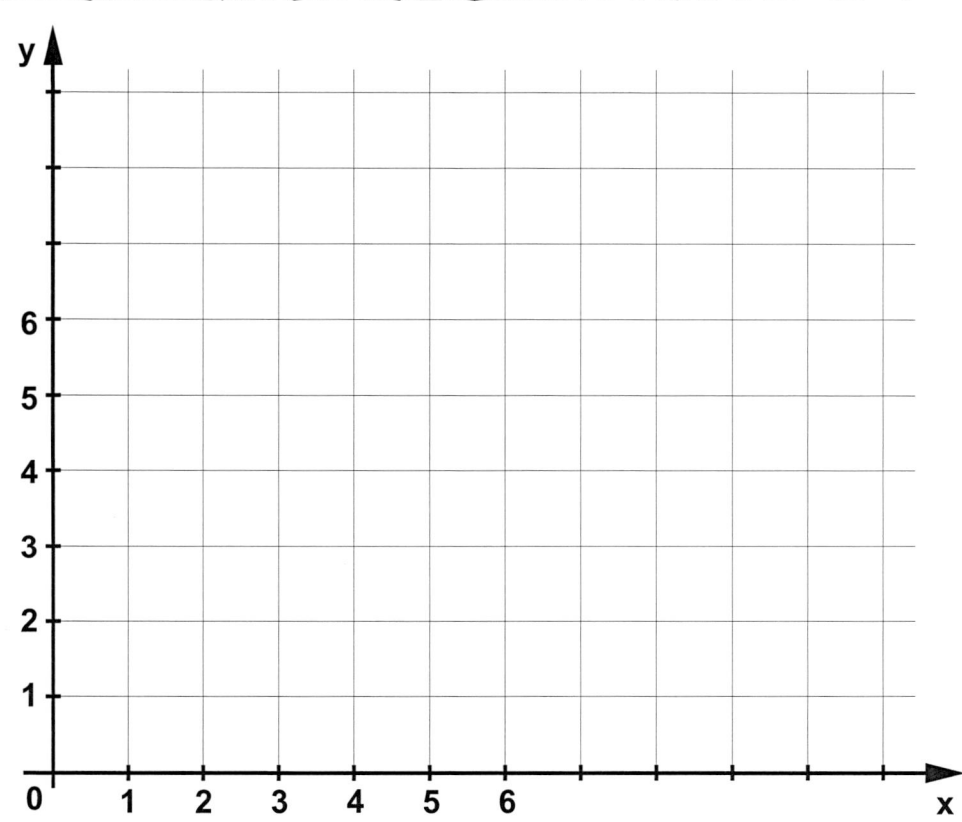

Aufgabe 2

Konstruiere den Inkreis des gleichseitigen Dreiecks.
Miss den Radius des Inkreises.
Wie weit ist der Mittelpunkt des Inkreises von einem Eckpunkt entfernt.
Setze die beiden Längen ins Verhältnis. Was erhältst du?

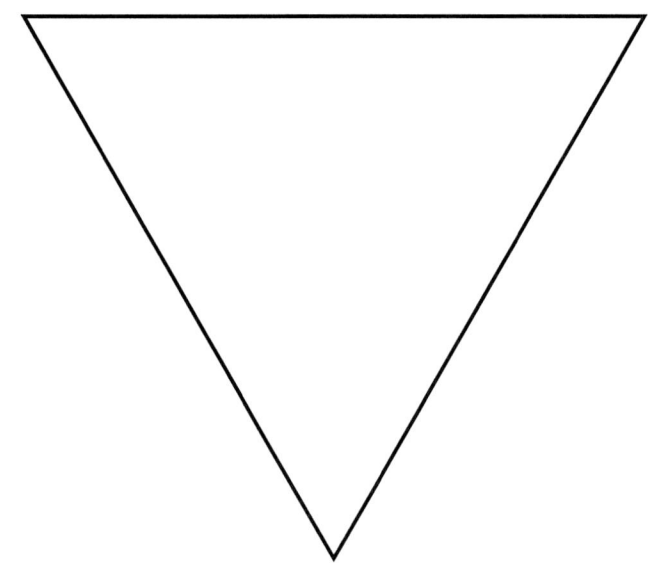

Umkreis des Dreiecks

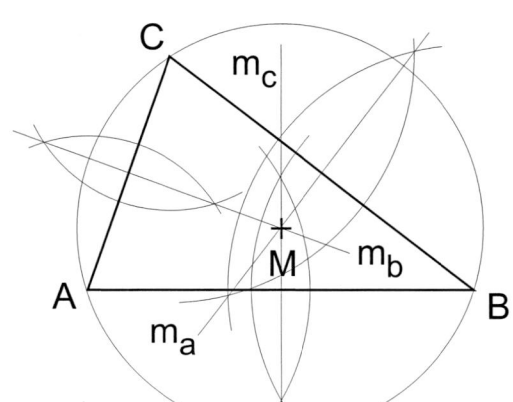

Der Kreis, der durch die drei Ecken eines Dreiecks verläuft, heißt **Umkreis** des Dreiecks.

In jedem Dreieck schneiden sich die Mittelsenkrechten der drei Seiten des Dreiecks im Mittelpunkt des Umkreises.

Aufgabe 1

Im Koordinatensystem sind folgende Punkte gegeben A(2|2), B(9|4) und C(7|8). Verbinde sie zu einem Dreieck und konstruiere den Umkreis.

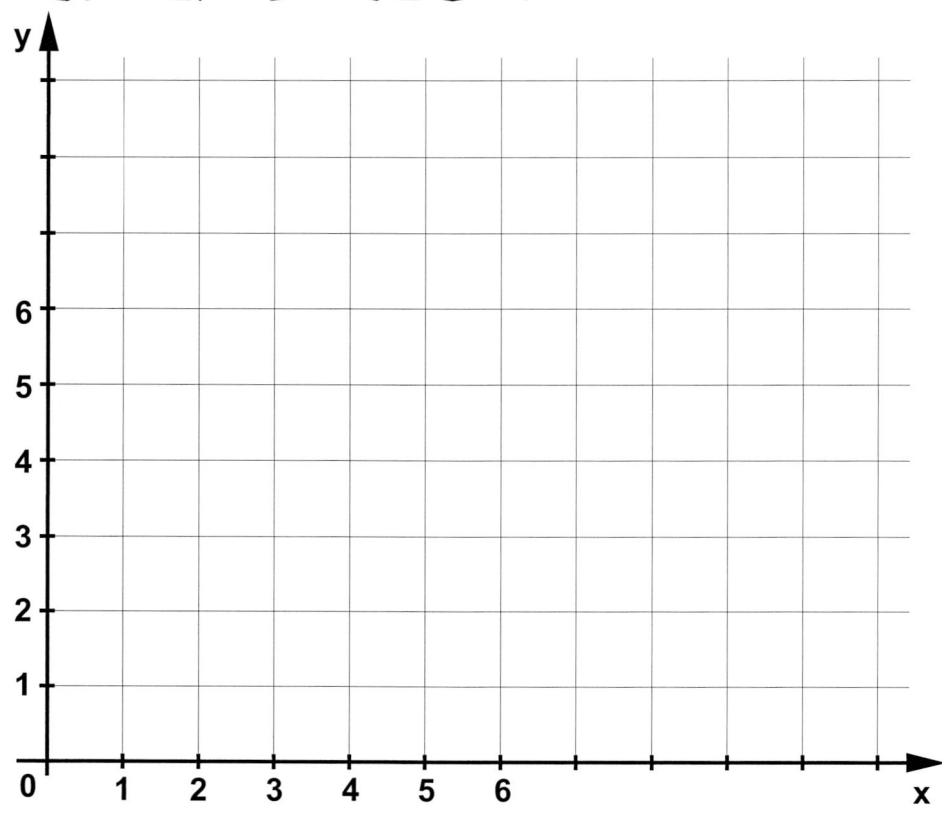

Aufgabe 2

Du schaffst es sicherlich, den Mittelpunkt dieses Kreises zu ermitteln, indem du dir ein paar Gedanken zum Umkreis machst.

... kinderleicht erklärt
Kreis und Tangente

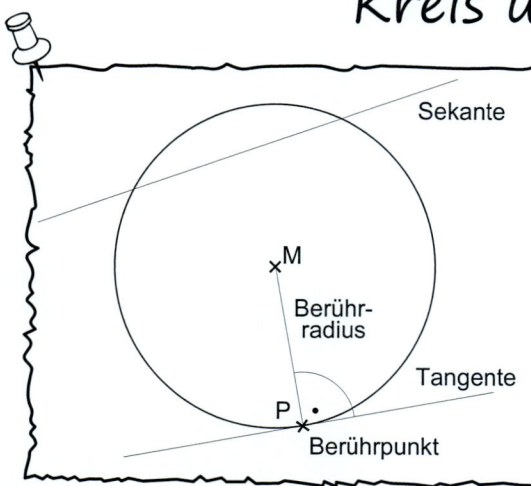

Eine Gerade, die einen Kreis in zwei Punkten schneidet, heißt **Sekante**.

Eine Gerade, die einen Kreis in einem Punkt berührt, heißt **Tangente**.

Die Tangente steht auf dem Radius zum **Berührpunkt** senkrecht.

Der Radius selbst heißt **Berührradius**.

So zeichnest du die Tangente in einem Punkt P des Kreises:

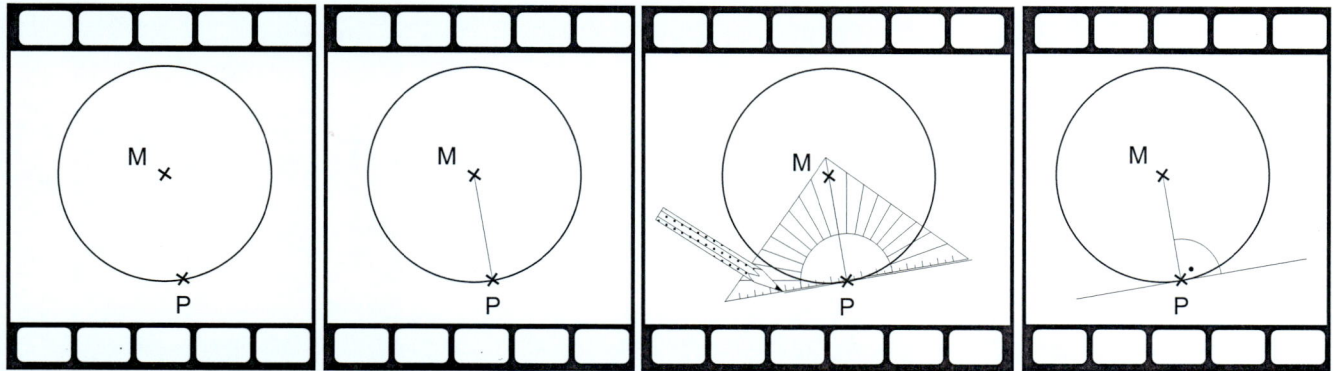

Aufgabe 1 Zeichne jeweils die Tangente durch die Punkte P, Q, R und S.

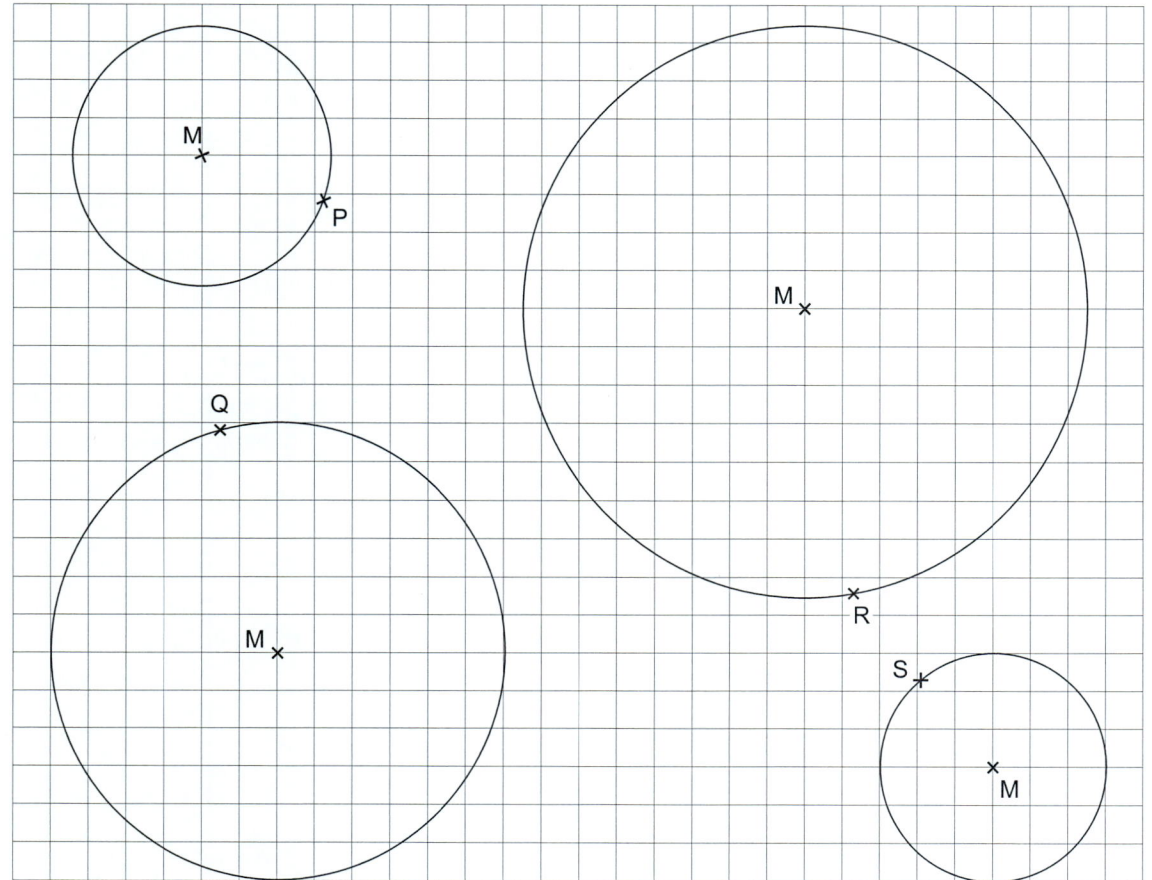

GRUNDWISSEN MATHEMATIK KLASSE 7

... kinderleicht erklärt

Geometrie-Memo

Damit du einige geometrische Begriffe besser behältst, bastel dir ein Geometrie-Memo. Klebe dieses Blatt auf stärkeren Karton und schneide die Karten dann aus. Lege die 40 Karten verdeckt auf den Tisch und spiele mit deinem Tischnachbarn ein paar Spiele durch. Wer die meisten Doppelkarten erwischt hat, hat natürlich gewonnen.

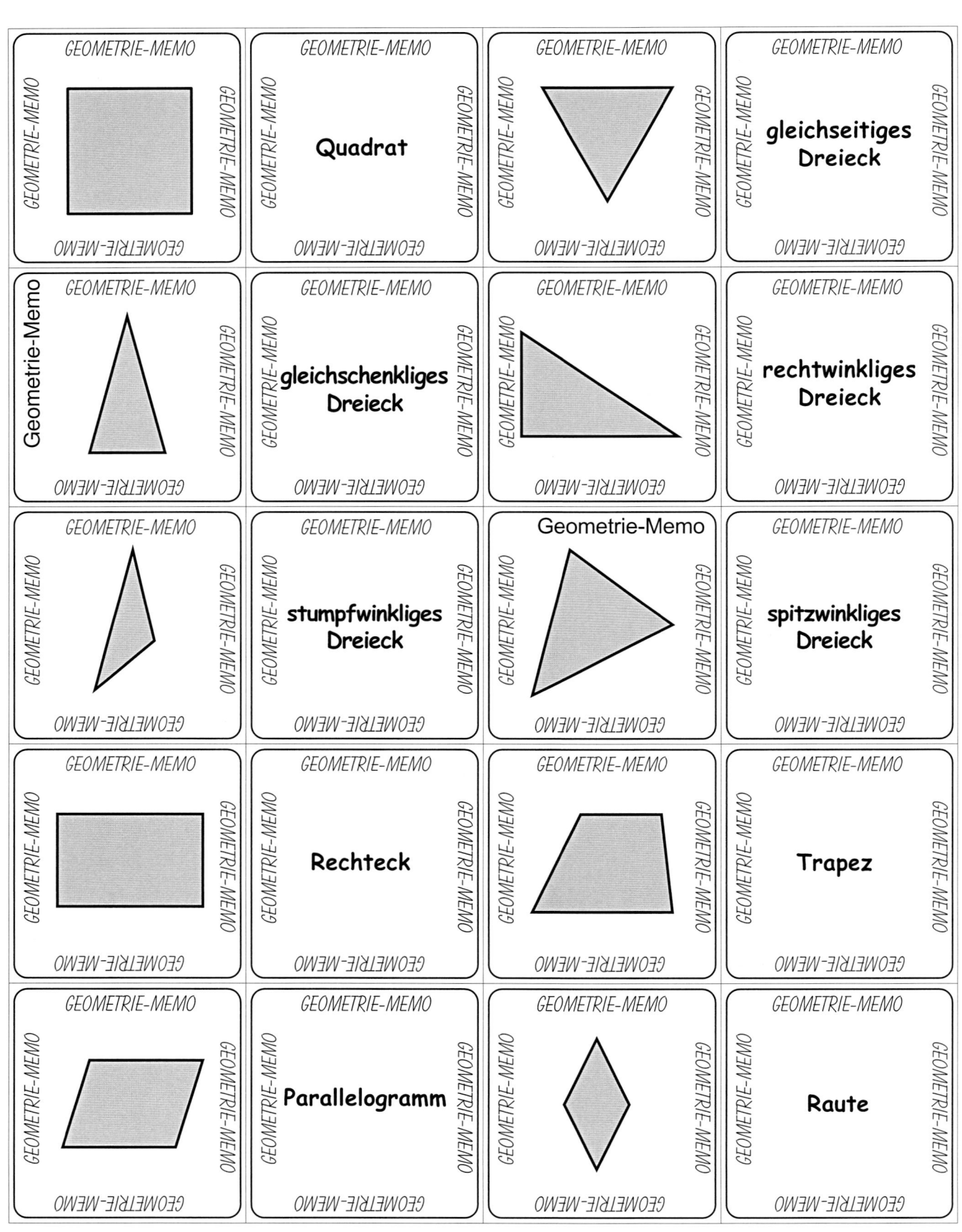

... kinderleicht erklärt

Geometrie-Memo

Damit du einige geometrische Begriffe besser behältst, bastel dir ein Geometrie-Memo. Klebe dieses Blatt auf stärkeren Karton und schneide die Karten dann aus. Lege die 40 Karten verdeckt auf den Tisch und spiele mit deinem Tischnachbarn ein paar Spiele durch. Wer die meisten Doppelkarten erwischt hat, hat natürlich gewonnen.

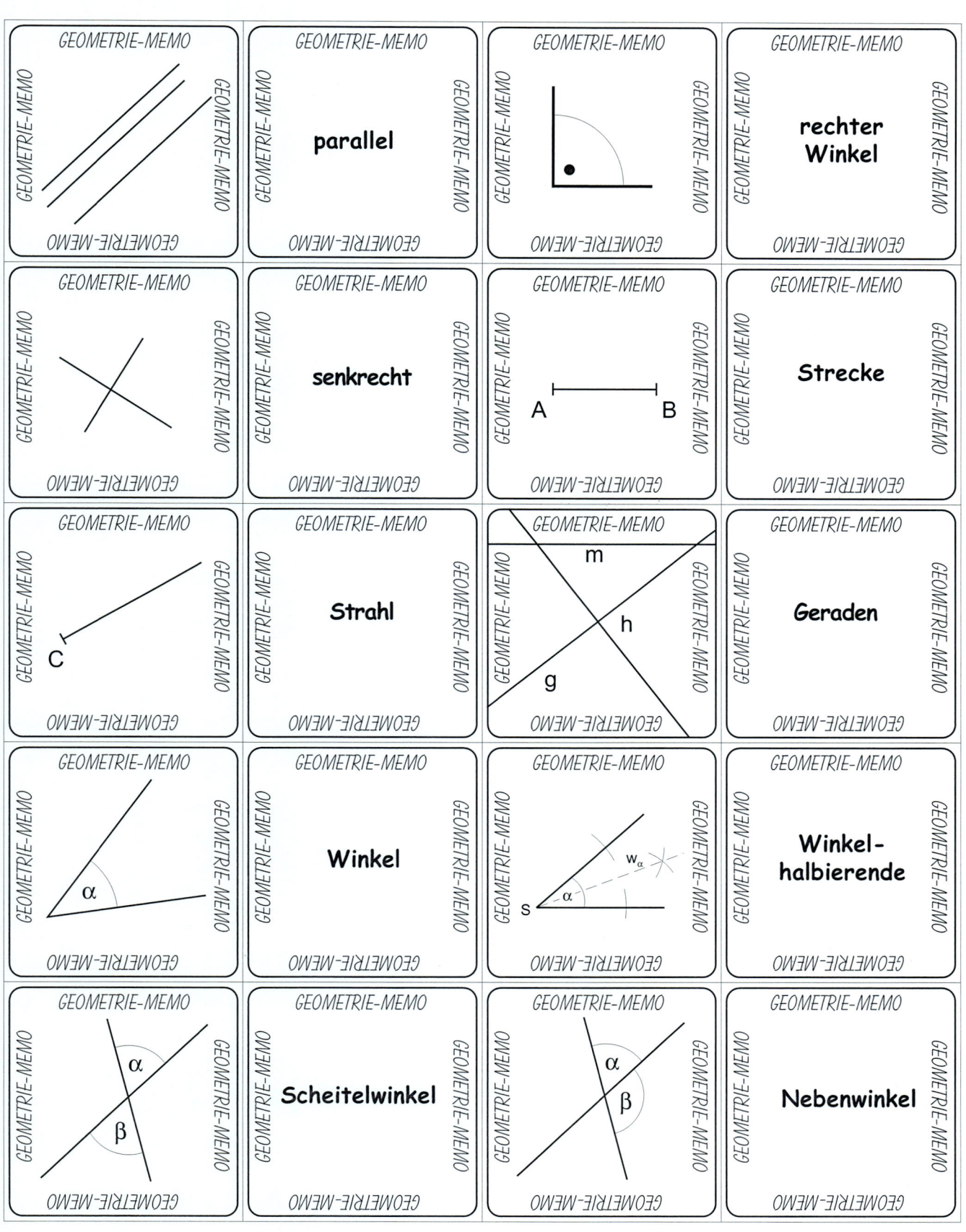

parallel

rechter Winkel

senkrecht

Strecke

Strahl

Geraden

Winkel

Winkel-halbierende

Scheitelwinkel

Nebenwinkel

Absolute und relative Häufigkeit

Die **absolute Häufigkeit** gibt an, wie oft ein bestimmtes Ereignis (z. B. Treffer beim Basketball, Auszählen einer statistischen Erhebung) tatsächlich eingetreten ist.

Die **relative Häufigkeit** gibt an, wie oft ein bestimmtes Ereignis im Verhältnis zur Gesamtzahl aller durchgeführten Versuche eingetreten ist.

$$\text{relative Häufigkeit} = \frac{\text{absolute Häufigkeit}}{\text{Gesamtzahl der Ereignisse}}$$

Beispiel (Basketball):

Magic Johnson: 32 Treffer bei 54 Würfen
German Wunderkind: 27 Treffer bei 45 Würfen

Magic Johnson hat mehr Treffer erzielt als German Wunderkind Dirk Nowitzki, klar. Wer hat aber seine Chancen besser ausgenutzt?

relative Häufigkeit$_{\text{Magic Johnson}}$: $\frac{32}{54} = 0,5\overline{925}$

relative Häufigkeit$_{\text{German Wunderkind}}$: $\frac{27}{45} = 0,6$

Entscheide selbst, wer der bessere Basketballer ist.

Aufgabe 1

Die Schokoladenfabrik Bollwerk in Köln stellt sechs verschiedene Sorten her. Täglich verlassen 13 500 Tafeln Lila Sause, 8340 Tafeln Ferrari Nuss, 9 780 Tafeln Sweet Toothache, 5 290 Tafeln Taste ´nix, 7 700 Tafeln Ritter Mord und 10390 Tafeln Pitty Pat die Fabrik.
Bestimme die relativen Häufigkeiten.

Aufgabe 2

Für die Statistik wurde festgestellt, dass die Schüler und Schülerinnen der Werner-von-Siemens-Realschule in Mühleim wie folgt zur Schule gelangen:
225 gehen zu Fuß, 83 kommen mit der Straßenbahn,
54 fahren mit dem Bus, 15 »reisen« mit dem Mofa an,
10 benutzen ein Fahrrad, 63 werden vom Papa oder von der Mama gebracht.
Berechne die relativen Häufigkeiten für die einzelnen Ereignisse.

Aufgabe 3

Die blutige Vampirin Bloody Mary MacWamp hat genau Buch geführt über die Blutspenden ihrer Opfer. Berechne die relativen Häufigkeiten der einzelnen Blutgruppen.

Blutgruppe	absolute Häufigkeit
A	𝍸𝍸𝍸𝍸𝍸 𝍸𝍸𝍸𝍸𝍸 𝍸𝍸𝍸𝍸𝍸 𝍸𝍸𝍸𝍸𝍸 𝍸𝍸𝍸𝍸𝍸
B	𝍸𝍸𝍸𝍸𝍸 𝍸𝍸𝍸𝍸𝍸 IIII
AB	𝍸𝍸𝍸𝍸𝍸 III
0	𝍸𝍸𝍸𝍸𝍸 𝍸𝍸𝍸𝍸𝍸 𝍸𝍸𝍸𝍸𝍸 𝍸𝍸𝍸𝍸𝍸 𝍸𝍸𝍸𝍸𝍸 𝍸𝍸𝍸𝍸𝍸 III

Aufgabe 4

80 Jugendliche wurden nach ihrem Lieblingssport befragt. Das Ergebnis siehst du in dem Diagramm. Gib die absoluten und die relativen Häufigkeiten an.

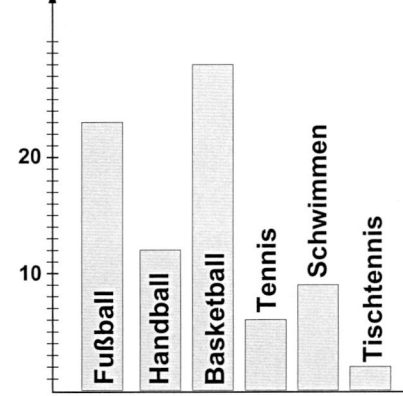

... kinderleicht erklärt

Wir zeichnen Streifendiagramme

Zahlenwerte oder Größen lassen sich anschaulich und übersichtlich in Diagrammen darstellen. Es gibt verschiedene Arten von Diagrammen. Ganz einfach kannst du ein sogenanntes **Streifendiagramm** erstellen, wenn du dieses Diagramm 10 cm lang machst. 1 % entspricht dann 1 mm, 25 % entsprechen dann 2,5 cm.

Beispiel:

In der Klasse 7a ergab die Umfrage nach den Lieblingssportarten:

18 % Tennis, 22 % Handball, 35 % Basketball und 25 % Schwimmen.

| Tennis | Handball | Basketball | Schwimmen |

Aufgabe 1

Ohne zu messen verteilst du die Buchstaben A, B, C, D und E so auf die einzelnen Felder, dass jeweils prozentual gilt: A < B < C < D < E.
Anschließend darfst du messen, ob du richtig geschätzt hast.
Gib die entsprechenden Prozentzahlen an.

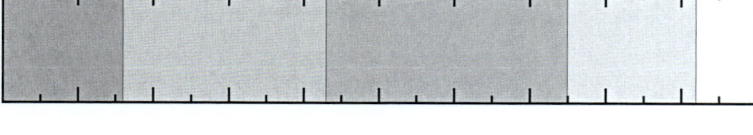

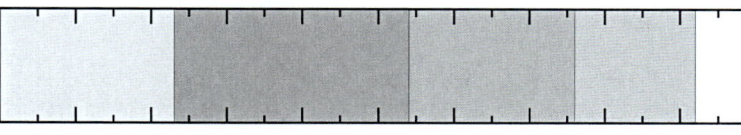

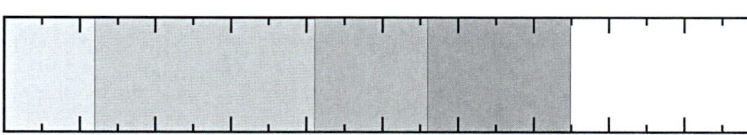

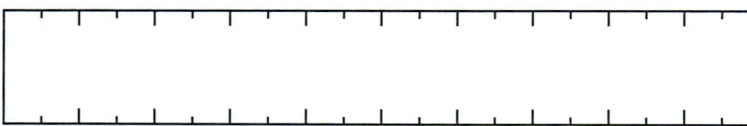

Aufgabe 2

Der menschliche Körper besteht zu circa 66 % aus Wasser, zu 11 % aus Fett, zu 17 % aus Eiweiß und zu 6 % aus Mineralstoffen und Kohlehydraten.
Zeichne ein Streifendiagramm für diese Angaben.

Wir zeichnen Kreisdiagramme

Zahlenwerte oder Größen lassen sich anschaulich und übersichtlich in Diagrammen darstellen. Es gibt verschiedene Arten von Diagrammen. Bei einem **Kreisdiagramm** entspricht jedem Prozentsatz ein bestimmter Winkel.

Den zu einem Prozentsatz gehörenden Winkel berechnest du mit Hilfe des Dreisatzes:

$$100\ \% \triangleq 360°$$
$$1\ \% \triangleq 3,6°$$
$$7,5\ \% \triangleq 7,5 \cdot 3,6° = 27°$$
$$35\ \% \triangleq 35 \cdot 3,6° = 126°$$
$$57,5\ \% \triangleq 47,5 \cdot 3,6 = 207°$$

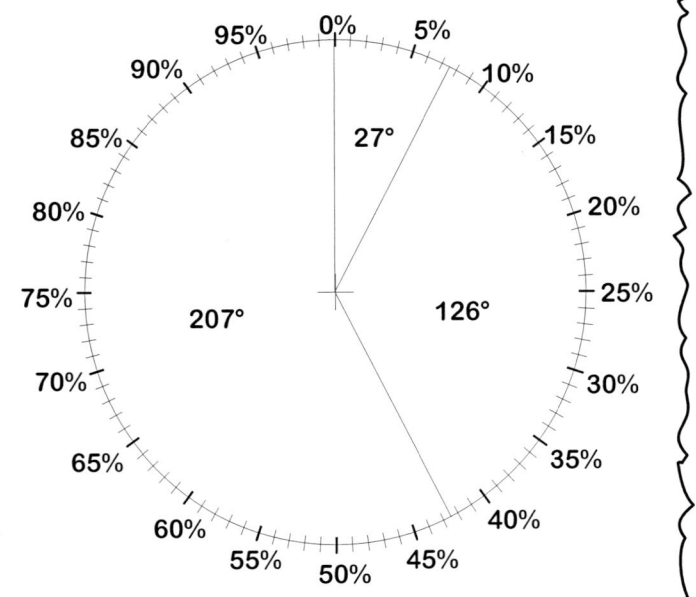

Aufgabe 1

Auf die Frage, warum ihre Kinder Nachhilfeunterricht erhalten, hier die Antworten der Eltern in Prozent:
Verbesserung der Schulleistung 37%
Ausgleich von Leistungsschwächen 19%
Unterrichtsausfall 13%
Sicherung der Versetzung 18%
Erhöhung der Lernmotivation 8%
Sonstiges 5%.

Zeichne ein Kreisdiagramm:

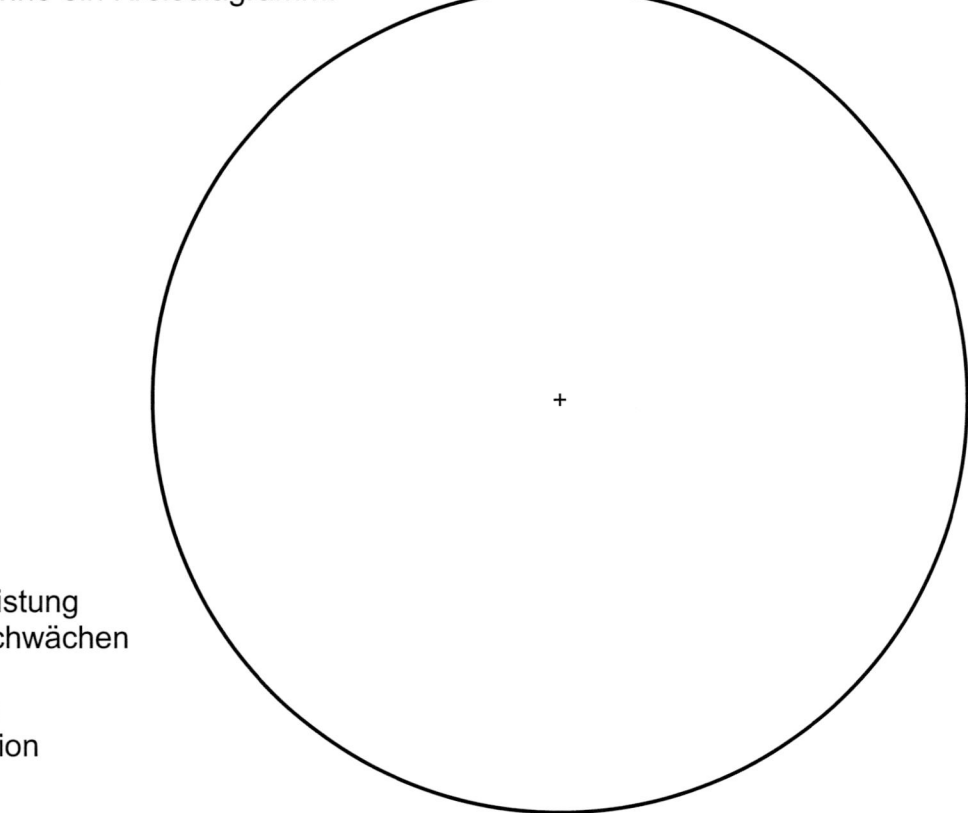

Angabe der Gradzahlen
Verbesserung der Schulleistung
Ausgleich von Leistungsschwächen
Unterrichtsausfall
Sicherung der Versetzung
Erhöhung der Lernmotivation
Sonstiges

Wir berechnen den Mittelwert

Bei statistischen Erhebungen oder Stichproben ist der **Mittelwert** von Bedeutung.
Nimm z. B. Robbe Williams Freunde.

Was wiegen die 6 Kerlchen durchschnittlich?

Du addierst:

747 kg + 986 kg +

723 kg + 892 kg +

1150 kg + 614 kg = 5112 kg.

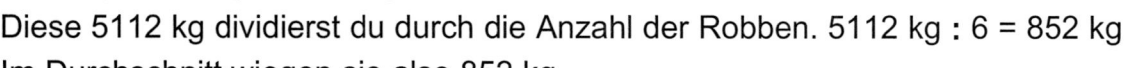

723 kg

614 kg

747 kg

892 kg   1150 kg

986 kg

Diese 5112 kg dividierst du durch die Anzahl der Robben. 5112 kg : 6 = 852 kg.

Im Durchschnitt wiegen sie also 852 kg.

Merke: $\text{Mittelwert } \overline{x} = \dfrac{\text{Summe aller Werte}}{\text{Anzahl aller Werte}}$

Der Mittelwert heißt auch **Durchschnittswert** oder **arithmetisches Mittel**.

Aufgabe 1

Emil Halfpipe fährt mit dem Skateboard zur Schule. Er misst an 15 Tagen seine Fahrzeiten in Minuten. Wie lange brauchte er durchschnittlich für die Fahrt zur Schule?
18 min, 23 min, 17 min, 19 min, 22 min, 24 min, 18 min, 25 min, 18 min, 20 min, 18 min, 21 min, 19 min, 24 min, 23 min.

Aufgabe 2

Susi Föller, die Kassiererin des 1. FC Holzerhausen, verzeichnete bei den letzten 12 Heimspielen folgende Zuschauerzahler:
674, 582, 904, 498, 602, 771, 471, 385, 630, 548, 804, 703.
Berechne die durchschnittliche Zuschauerzahl pro Spiel.

Aufgabe 3

Metzgermeister Wassili Waterproof prüft regelmäßig seine 500-Gramm-Fleischwürste auf Gewicht. Wehe, der Mittelwert liegt unter 500 Gramm. Dann bekommt sein Geselle Charly Fatnix ganz gehörig was auf die Rübe. Stichprobenweise hat er einmal 14 Würste gewogen:
502 g, 498 g, 495 g, 503 g, 501 g, 496 g, 510 g, 514 g, 487 g, 511 g, 492 g, 494 g, 502 g, 509 g.

Aufgabe 4

Familie Quasselstrippe bezahlte im letzten Jahr an die Tel´ o´ Komm folgende Beträge:
Januar 67,24 €, Februar 89,17 €, März 76,54 €, April 92,79 €, Mai 103,41 €, Juni 99,32 €, Juli 89,54 €, August 108,96 €, September 96,66 €, Oktober 110,87 €, November 81,12 €, Dezember 120,18 €.
Berechne die durchschnittlichen monatlichen Telefongebühren.

Wir ermitteln den Zentralwert

614 kg   723 kg   747 kg   892 kg   986 kg   1150 kg

Wenn du Robbe Williams Freunde einmal »gewichtsmäßig« ordnest, also eine Gewichtsrangliste erstellst, dann lässt sich immer eine Wert angeben, der die Rangliste so aufteilt, dass die Hälfte aller Daten einen Wert hat, der kleiner oder gleich diesem Wert ist, und zugleich die andere Hälfte einen Wert hat, der größer oder gleich diesem Wert ist. Diesen Wert nennt man **Zentralwert** oder **Median**. Für das obige Beispiel liegt der Zentralwert genau zwischen 747 kg und 892 kg, also bei 819,5 kg. Stelle dir vor, dass sich ein weiterer Freund einfindet, der 1090 kg wiegt.

614 kg   723 kg   747 kg   892 kg   986 kg   1090 kg   1150 kg

Dann liegt der Zentralwert genau auf der Mitte der Rangliste, bei 892 kg.

Aufgabe 1

Die Reisekosten der Deutschen im 1. Halbjahr betrugen rund 12 145 000 000 €. Wo sie ihr Geld ließen?
Hier die Hit-Liste (in Millionen €):
Frankreich 1 206, Griechenland 354, Großbritannien 613, Italien 1 847, Niederlande 838, Österreich 2 385, Portugal 211, Spanien 1 757, Schweiz 1 219, Tunesien 387, Türkei 223, USA 1 105.
Berechne den Zentralwert.

Aufgabe 2

Die Preise für die Geschirrspülmaschine »DryDish« der Firma Meale schwanken je nach Ort und Geschäft. Ermittle den Zentralwert.
Hier die Preise in $:
1270, 1129, 1490, 1290, 1370, 1150, 1410, 1360, 1280, 1340, 1510, 1595.

Aufgabe 3

Bei einem Sportfest wurden in einer Riege folgende Weiten erzielt:
5,35 m, 3,90 m, 4,45 m, 5,85 m, 4,20 m, 5,12 m, 3,40 m, 4,85 m, 5,10 m, 3,80 m, 4,30 m, 5,15 m.
Bestimme den Zentralwert.

Aufgabe 4

Die Firma Oldie kontrolliert stichprobenweise die Gewichte ihrer Cornflakespackungen »Tutti Fruit« und »Fitti Paldi«:
»Tutti Fruit«: 497 g, 504 g, 502 g, 508 g, 492 g, 499 g, 500 g, 502 g
»Fitti Paldi«: 500 g, 508 g, 491 g, 494 g, 501 g, 493 g, 496 g, 507 g, 501 g, 504 g.
Berechne für jede Stichprobe den Zentralwert.

... kinderleicht erklärt

Wir ermitteln die Spannweite

614 kg   723 kg   747 kg   892 kg   986 kg   1150 kg

Wenn du Robbe Williams Freunde »gewichtsmäßig« geordnet hast, also eine Gewichtsrangliste erstellt hast, dann kannst du auch ganz schnell die Differenz zwischen dem schwersten und dem leichtesten Burschen feststellen.
1150 kg – 614 kg = 526 kg.
Die Differenz zwischen dem größten und dem kleinsten Wert einer Messreihe oder einer statistischen Erhebung nennt man **Spannweite**. Die Spannweite ist ein sogenanntes **Streuungsmaß**.

Merke: Spannweite = größter Wert – kleinster Wert

Aufgabe 1

Die großen Unternehmen hatten im Jahre 1997 folgende Umsätze (in Mill. €):

Adam Opel AG	23.007
BASF	43.123
Bayer	41.007
Bosch	32.469
BMW	29.016
Daimler Benz AG	97.737
Ford Werke AG	21.189
Friedr. Krupp AG	20.504
Hoechst	46.047
Mannesmann AG	27.963
Metallgesellschaft	26.094
MAN AG	18.972
Preussag AG	23.290
RWE AG	45.111
Ruhrkohle	23.408
Siemens	81.648
Thyssen AG	33.502
Volkswagen	76.586
Veba	66.349
Viag AG	23.734

Gib die Spannweite und den Zentralwert an.

Aufgabe 2

Die meistbelegten Studiengänge 1991 waren bei den Männern

Biologie	19685
Bauingenieurwesen	15755
Chemie	28758
Elektrotechnik	41146
Erziehungswissenschaften	15557
Germanistik	21372
Geschichte	17010
Humanmedizin	46017
Informatik	34149
Maschinenbau	61703
Mathematik	23544
Physik, Astronomie	34569
Politik- und Sozialwissenschaften	26448
Rechtswissenschaften	51488
Wirtschaftswissenschaften	116073

Gib die Spannweite und den Zentralwert an.

Aufgabe 3

Wilhelmine Shakespeare erzielte beim Speerwurftraining folgende Weiten:
34,0 m, 30,8 m, 41,2 m, 31,4 m, 32,4 m, 32,9 m, 33,0 m,
34,6 m, 37,1 m, 34,3 m, 33,2 m, 35,5 m, 32,3 m, 39,4 m, 35,8 m.
Gib die Spannweite und den Zentralwert an.

... kinderleicht erklärt

Zufallsversuche 1

Man spricht von einem **Zufallsversuch**, wenn sich das Ergebnis einer Handlung nicht mit Sicherheit vorhersagen lässt. Das Ergebnis eines Zufallsexperimentes wird auch als **Ausgang** bezeichnet.

Um Zufallsversuche durchführen zu können, kannst du dir z. B. Glücksräder basteln. Dazu brauchst du einen Reißnagel, einen - möglichst - kantigen Holzbleistift und Karton.

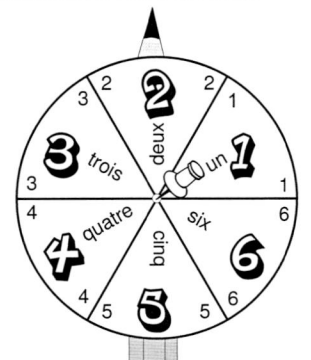

Klebe beide Glücksräder auf stärkeren Karton und schneide sie dann aus. Du kannst die 6 bzw. 8 Felder auch in verschiedenen Farben ausmalen.

Schneide die Strichlisten aus und klebe sie in dein Heft.

Fixiere die erste oder die zweite Drehscheibe mit dem Reißnagel so auf deinen kantigen Bleistift, dass die Spitze des Bleistifts dir anzeigen kann, welche Zahl du erdreht hast. Das Glücksrad muss gut drehbar sein und mindestens zehn Umdrehungen machen können, ehe es zum Stillstand kommt.

Notiere in der entsprechenden Strichliste, welche Zahl gedreht wurde. Du schaffst sicherlich 100 Versuche, oder?

Wenn beim Drehen immer wieder dieselbe Zahl auftauchen sollte, ist etwas mit der Drehscheibe schief gelaufen. Halte dann beim Drehen den Bleistift nicht senkrecht, sondern waagerecht. Vielleicht klappt´s dann so, dass nicht immer eine Zahl bevorzugt wird.

STRICHLISTE 1

1	2	3	4	5	6

STRICHLISTE 2

1	2	3	4	5	6	7	8

... kinderleicht erklärt

Zufallsversuche II

Man spricht von einem **Zufallsversuch**, wenn sich das Ergebnis einer Handlung nicht mit Sicherheit vorhersagen lässt. Das Ergebnis eines Zufallsexperimentes wird auch als **Ausgang** bezeichnet.

Zahl oder Bild?

Drei verschiedene Münzen werden zugleich geworfen.
Was liegt oben, Bild oder Zahl?
Gib alle möglichen Ereignisse in Kurzform an (z. B. BBZ).
Das Baumdiagramm leistet dir dabei gute Dienste. Fülle es aus.

Führe mit deinem Nachbarn eine Versuchsreihe mit drei Münzen durch. Notiere in der Liste, wie häufig die einzelnen Ereignisse auftraten. Mache 100 Versuche.

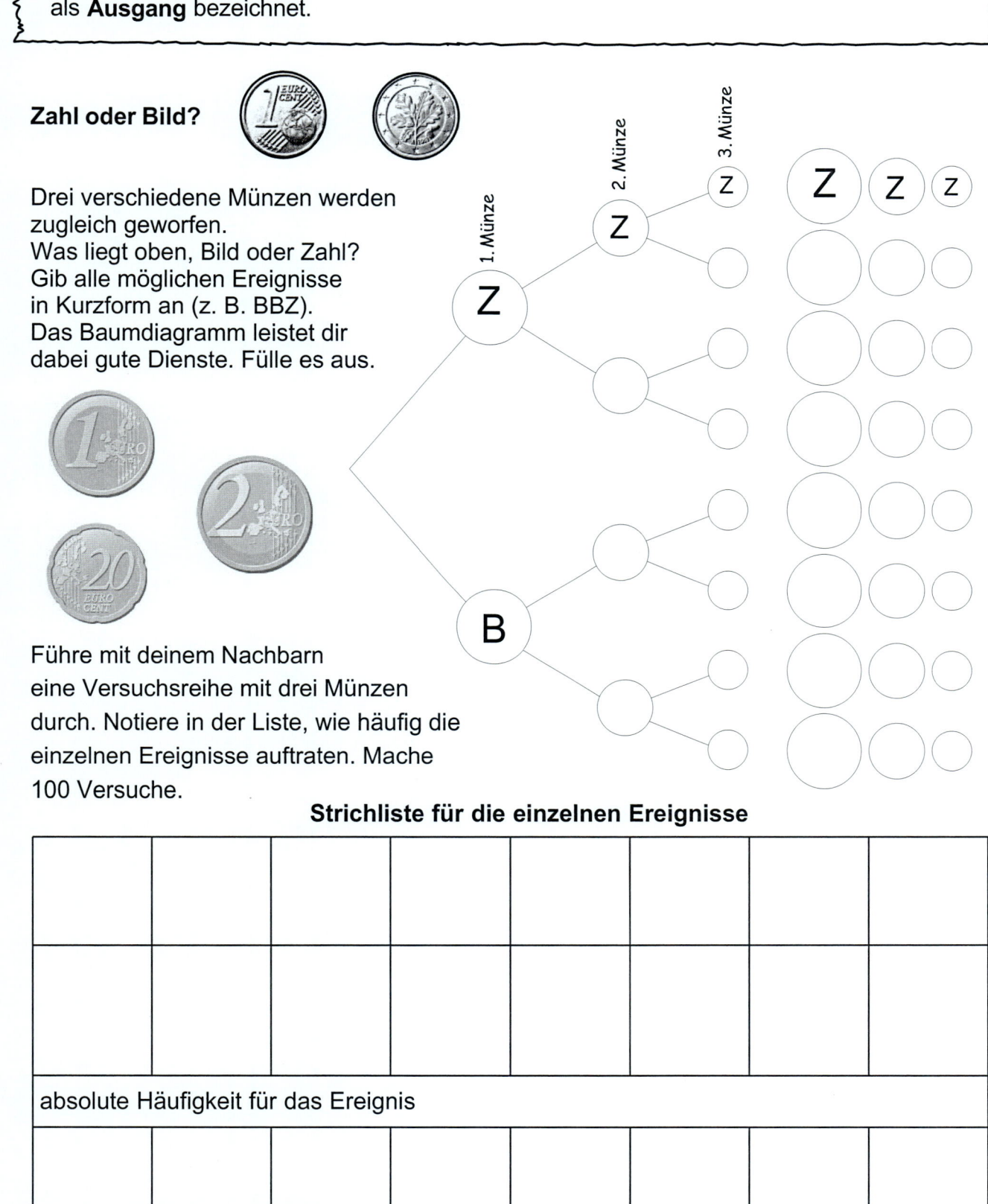

Strichliste für die einzelnen Ereignisse

absolute Häufigkeit für das Ereignis						
relative Häufigkeit für das Ereignis						

... kinderleicht erklärt

Wahrscheinlichkeit 1

Für Zufallsversuche, bei denen alle Ausfälle in gleich großer Anzahl auftreten können, kann man die Wahrscheinlichkeit berechnen, mit der ein bestimmtes Ereignis auftritt:

probability [*engl.*] = Wahrscheinlichkeit

$$p = \frac{\text{Anzahl der für das Ereignis günstigen Ausgänge}}{\text{Anzahl der möglichen Ausgänge}}$$

Aufgabe 1

Kennst du das Spiel »Papier, Schere, Stein«? Es geht ganz einfach. Du und dein Partner halten die rechte Hand auf dem Rücken. Auf »Los« zeigt ihr beide, welche der drei Möglichkeiten ihr gewählt habt. Es gelten folgende Spielregeln:

1. Schere schlägt Papier, weil das Papier zerschnitten werden kann.
2. Papier schlägt Stein, weil ich den Stein ins Papier wickeln kann.
3. Stein schlägt Schere, weil die Schere stumpf wird.
4. Zeigen beide Partner dasselbe, ist das Spiel unentschieden.

Ergänze das Baumdiagramm. Wie groß ist die Wahrscheinlichkeit bei diesem Spiel zu gewinnen? Ist das Spiel fair?

Papier   Schere   Stein

Partner 2

unentschieden

Partner 1

... kinderleicht erklärt

Wahrscheinlichkeit II

Für Zufallsversuche, bei denen alle Ausfälle in gleich großer Anzahl auftreten können, kann man die Wahrscheinlichkeit berechnen, mit der ein bestimmtes Ereignis auftritt:

probability [engl.] = Wahrscheinlichkeit

$$p = \frac{\text{Anzahl der für das Ereignis günstigen Ausgänge}}{\text{Anzahl der möglichen Ausgänge}}$$

Aufgabe 1

Als Mäxchen Schlaus Versetzung wieder einmal gefährdet war, weil sein Mathelehrer ihm nur die Note »Gut« geben wollte, Mäxchen aber dringend die Note »Sehr gut« als Ausgleich brauchte, schlug er ihm folgenden Deal vor: »Lassen sie uns doch um meine Note würfeln. Sie würfeln dreimal. Ist eine Sechs dabei, können Sie mir die Note Zwei geben, andernfalls die Note Sehr gut«. Ob Lehrer Drybone sich wohl auf sein sprichwörtliches Glück verlässt? Überprüfe mit mindestens zwanzig Würfelwürfen mit deinem Nachbarn, ob Mäxchen überhaupt eine reelle Chance hat. Was meint ihr?

keine 6 dabei	6 dabei

Aufgabe 2

Zähle alle günstigen Möglichkeiten für Mäxchen durch. Stehen seine Chancen besser als »fifty – fifty«?

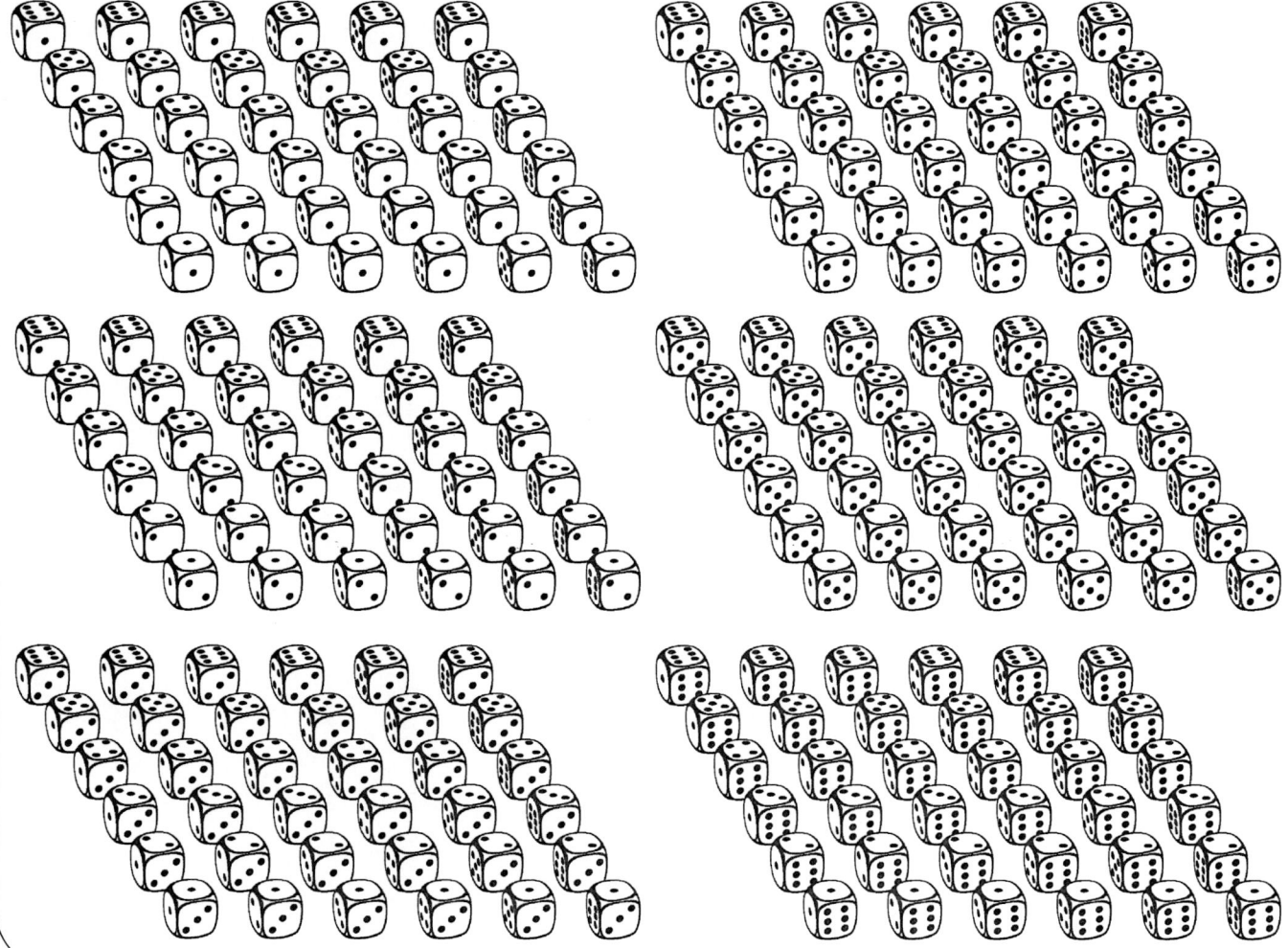

Wahrscheinlichkeit III

Für Zufallsversuche, bei denen alle Ausfälle in gleich großer Anzahl auftreten können, kann man die Wahrscheinlichkeit berechnen, mit der ein bestimmtes Ereignis auftritt:

probability [engl.] = Wahrscheinlichkeit

$$p = \frac{\text{Anzahl der für das Ereignis günstigen Ausgänge}}{\text{Anzahl der möglichen Ausgänge}}$$

Aufgabe 1

Suche dir aus einem Skatspiel diese acht Karten aus.
Mache zwei Päckchen.
Im 1. Päckchen liegen die roten Karten, also
Herz Dame, Herz König, Karo Dame und Karo König.
Im 2. Päckchen liegen die schwarzen Karten, also
Pik Dame, Pik König, Kreuz Dame und Kreuz König.

Kreuz König will unbedingt zu seiner Herz Dame kommen.
Ziehe aus dem roten Päckchen eine Karte und aus
dem schwarzen Päckchen eine Karte

Wie wahrscheinlich ist es, dass du den Kreuz König
und die Herz Dame erwischst? Gib eine Schätzung ab.

Das folgende Baumdiagramm soll dir helfen, die
Wahrscheinlichkeit für das große Treffen zu berechnen.
Fülle es bitte aus, indem du an die Zweige des Baumes
z. B. schreibst Herz Dame oder Karo König. Alles Roger?

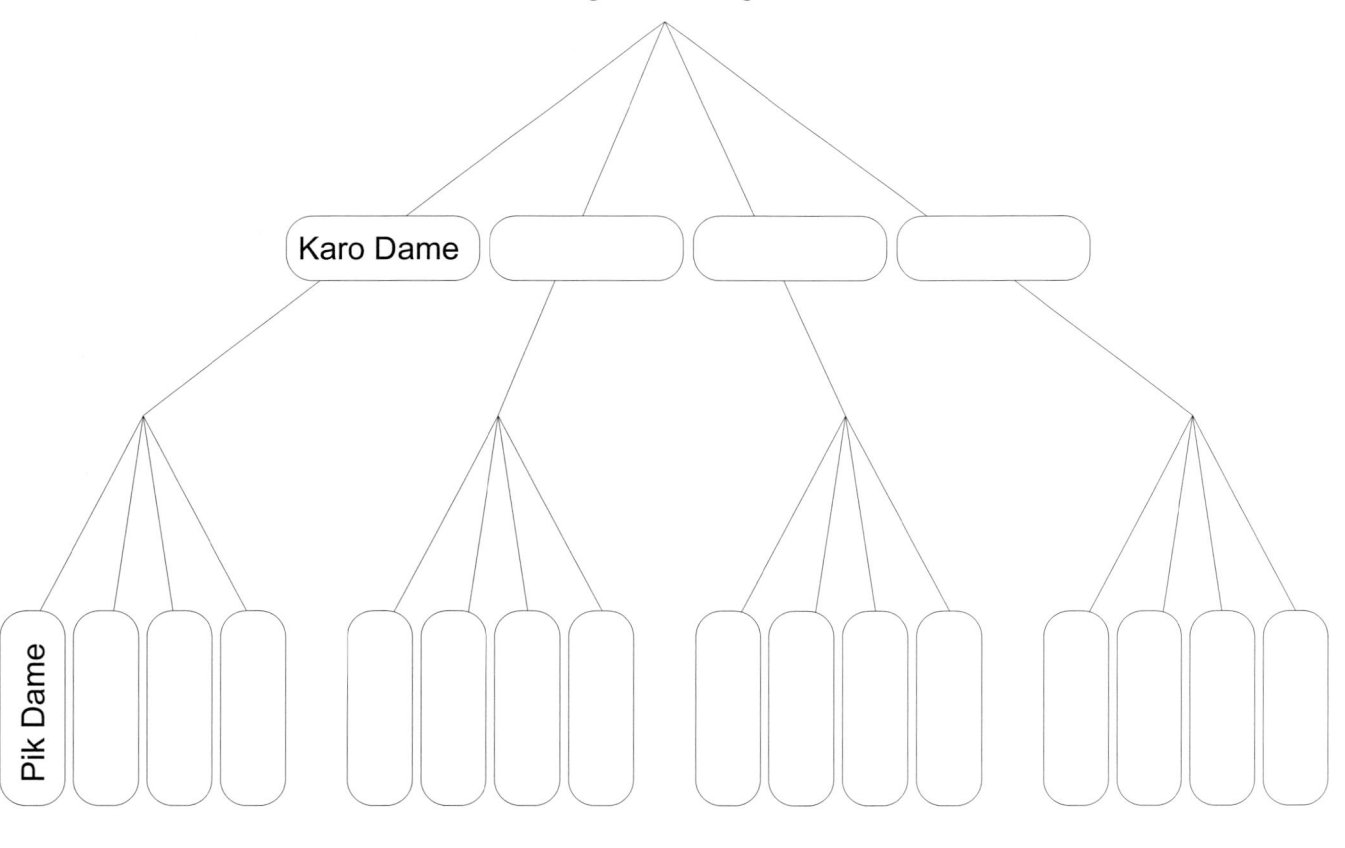

Karo Dame

Pik Dame

Seite 5

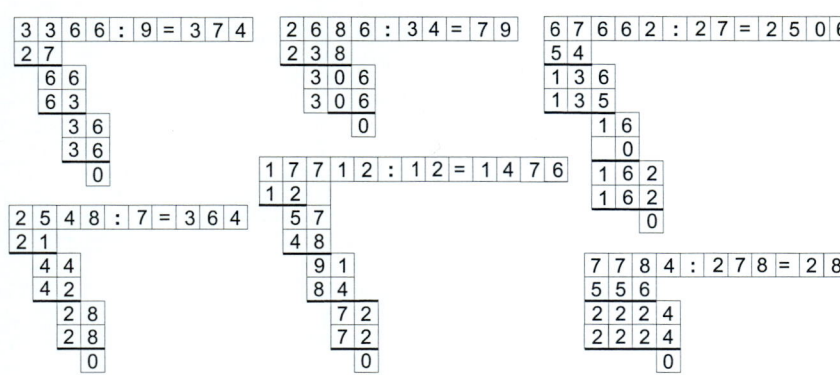

87 · 26	57 · 42	89 · 75	56 · 38	29 · 18
174	228	623	168	29
522	114	445	448	232
2262	2394	6675	2128	522

278 · 53	849 · 72	469 · 58	278 · 98	806 · 67
1390	5943	2345	2502	4836
834	1698	3752	2224	5642
14734	61128	27202	27244	54002

3928 · 274	9028 · 756	8785 · 564	6783 · 918
7856	63196	43925	61047
27496	45140	52710	6783
15712	54168	35140	54264
1076272	6825168	4954740	6226794

$$3366 : 9 = 374$$
$$2686 : 34 = 79$$
$$67662 : 27 = 2506$$
$$17712 : 12 = 1476$$
$$2548 : 7 = 364$$
$$7784 : 278 = 28$$
$$31683 : 59 = 537$$
$$266172 : 82 = 3246$$
$$39697 : 53 = 749$$
$$7056 : 9 = 784$$
$$864 : 27 = 32$$
$$6789 : 73 = 93$$

Seite 6

$1\frac{7}{30}$		$100\frac{1}{2}$	$8\frac{6}{13}$	$30\frac{5}{8}$	
$\frac{3}{4}$		$2\frac{45}{74}$	$10\frac{5}{7}$	$2\frac{1}{8}$	
$1\frac{4}{15}$		$\frac{27}{32}$	$3\frac{2}{5}$		$\frac{13}{18}$
$7\frac{7}{9}$	$1\frac{11}{36}$	$5\frac{1}{2}$			$8\frac{1}{2}$

Seite 7

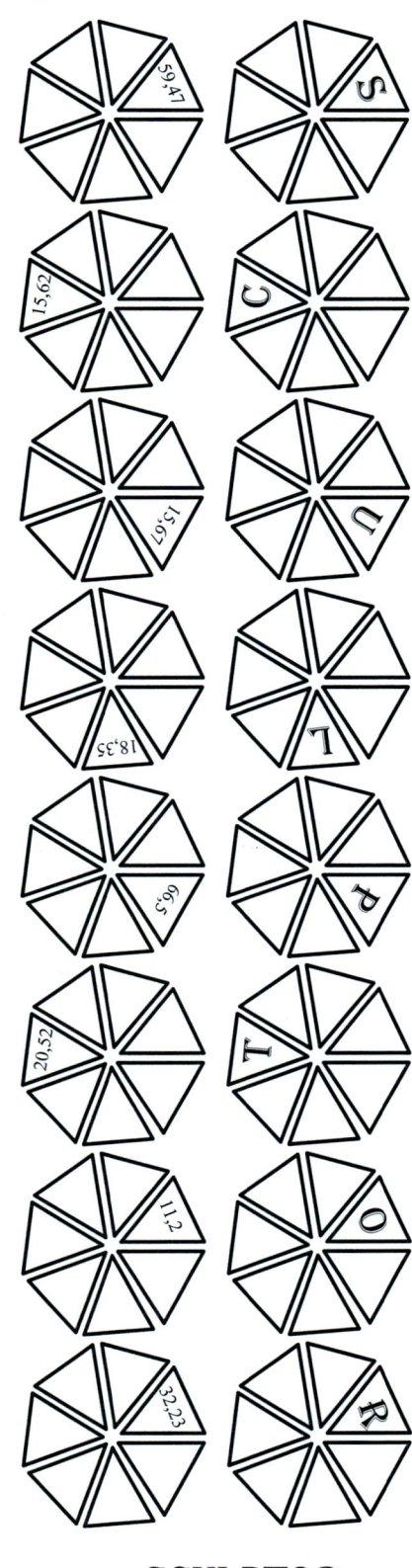

SCULPTOR

Seite 8

Aufgabe 1

	1. Tag		2. Tag		3. Tag		4. Tag		5. Tag		6. Tag		7. Tag		8. Tag		9. Tag		10. Tag		11. Tag	
	8.00	16.00	8.00	16.00	8.00	16.00	8.00	16.00	8.00	16.00	8.00	16.00	8.00	16.00	8.00	16.00	8.00	16.00	8.00	16.00	8.00	16.00
	—	37,8°	39,2°	38,6°	39,4°	39,0°	39,8°	39,2°	39,6°	39,0°	39,2°	38,4°	38,6°	38,0°	38,2°	37,6°	37,8°	37,2°	37,4°	37,0°	37,2°	36,8°

Aufgabe 2

Was kostet ein Maxibrief von 52 g?   2,56 €

Was kosten zwei Maxibriefe von je 78 g?   5,12 €

Firma Mailnix schickt 12 Maxibriefe ins Ausland ab:

1 Brief mit 230 g, 2 Briefe mit je 125 g, 3 Briefe mit je 78 g, 1 Brief mit 1230 g,

3 Briefe mit je 43 g, 2 Briefe zu je 1501 g. Wie hoch sind die Portokosten?   75,68 €

Seite 9

Aufgabe 1

C (in °C)	75	30	5	20	37,8	48	17	83	15	64	38
F (in °F)	167	86	41	68	100,04	118,4	62,6	181,4	59	147,2	100,4

Aufgabe 2

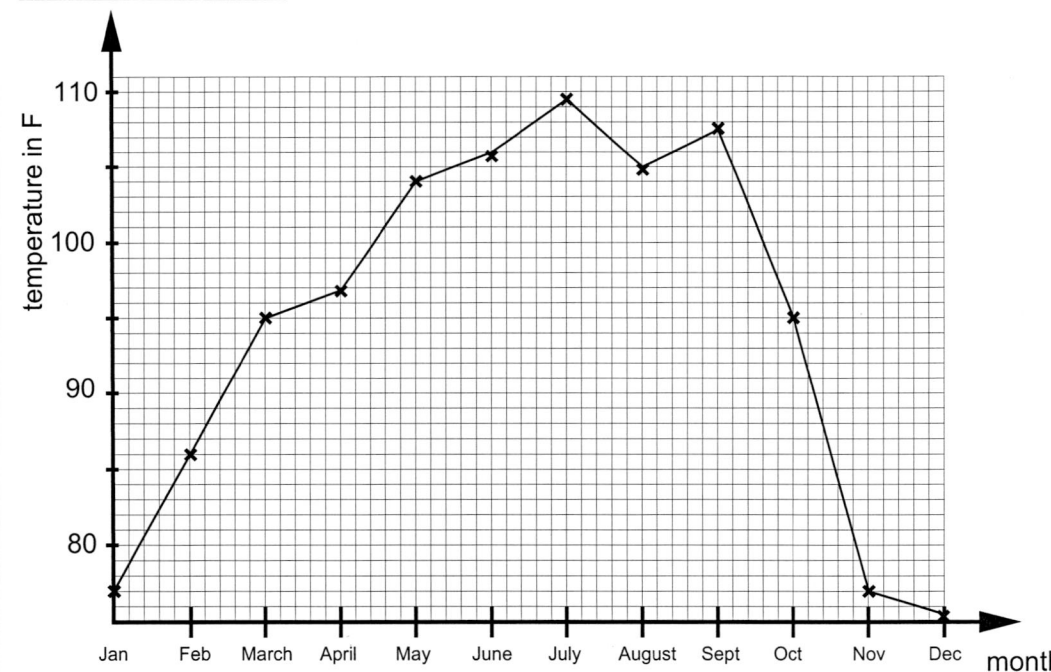

Monat	in °C
Januar	25
Februar	30
März	35
April	36
Mai	40
Juni	41
Juli	43
August	40,5
September	42
Oktober	35
November	25
Dezember	24

Seite 10

Aufgabe 1

Anzahl Balkonpflanzen	1	2	3	5	6	10	15	30	45	18	9
Preis in €	3	6	9	15	18	30	45	90	135	54	27

Anzahl Videokassetten	1	2	3	4	5	6	7	8	10	15	20
Preis in €	2,50	5,00	7,50	10,00	12,50	15,00	17,50	20,00	25,00	37,50	50,00

Anzahl Orangen	$2\frac{1}{2}$	5	$7\frac{1}{2}$	10	15	20	$27\frac{1}{2}$	50	75	$\frac{1}{2}$	$1\frac{1}{2}$
Saft in ℓ	0,25	0,5	0,75	1	1,5	2	2,75	5	7,5	0,05	0,15

Seite 10

Aufgabe 2

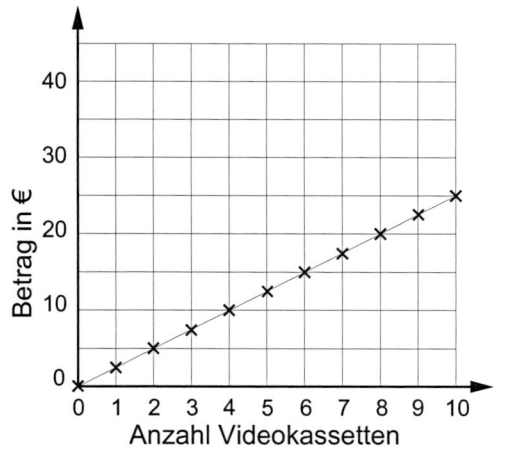
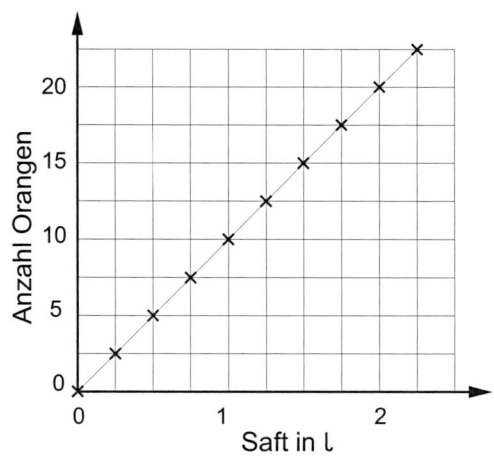

Seite 11

Aufgabe 1

a) 30,8 Liter, 39,2 Liter, 54,6 Liter, 60,2 Liter.
b) 57 km, 193 km, 321 km, 371 km.

Aufgabe 2

Hansa		Grata		Celina	
kg	€	kg	€	kg	€
1	0,35	1	0,30	1	0,45
2	0,70	2	0,60	2	0,90
3	1,15	3	0,90	3	1,35
4	1,40	4	1,20	4	1,80
5	1,75	5	1,50	5	2,25
6	2,10	6	1,80	6	2,70
7	2,45	7	2,10	7	3,15
8	2,80	8	2,40	8	3,60
9	3,15	9	2,70	9	4,05
10	3,50	10	3,00	10	4,50

Seite 12

Aufgabe 1

1. Satz: Auf 52 km braucht er 6,24 l.
2. Satz: Auf 1 km braucht er 0,12 l.
3. Satz: Auf 100 km braucht er 12 l.

Anzahl km	Verbrauch in l
52	6,24
1	0,12
100	12,00

:52   :52
•100   •100

Aufgabe 2

1. Satz: 300 m³ wiegen 390 kg.
2. Satz: 1 m³ wiegt 1,3 kg.
3. Satz: 192 m³ wiegen 249,6 kg.

Anzahl m³	Gewicht in kg
300	390
1	1,3
192	249,6

:300   :300
•192   •192

Aufgabe 3

1. Satz: 84 m² kosten 525 €.
2. Satz: 1 m² kostet 6,25 €.
3. Satz: 52 m² kosten 325 €.

Anzahl m²	Preis in €
84	525
1	6,25
52	325

:84   :84
•52   •52

Seite 13

Aufgabe 1

Anzahl Personen	8	4	12	24
Zeit in Tagen	12	24	8	4

Aufgabe 2

Anzahl Traktoren	2	1	4	5
Zeit in Stunden	10	20	5	4

Aufgabe 3

Abstand in cm	90	45	30	120
Anzahl Zwiebeln	28	56	84	21

Aufgabe 4

Anzahl Pferde	8	4	2	16	12	6	9
Anzahl Tage	36	72	144	18	24	48	32

Seite 14

Antwort:

Wenn ihr eine Nachbarin hilft, brauchen beide 6 Tage.

Mit zwei Nachbarinnen dauert es 4 Tage.

Mit drei Nachbarinnen dauert es 3 Tage.

Mit elf Nachbarinnen hätte Oma Zucker die Strümpfe in einem Tage fertig.

Seite 15

Aufgabe 1

1. Satz: 5 Pumpen brauchen 64 Minuten.
2. Satz: 1 Pumpe braucht 320 Minuten.
3. Satz: 4 Pumpen brauchen 80 Minuten.

Anzahl Pumpen	Zeit in Minuten
5	64
1	320
4	80

: 5   • 5
• 4   : 4

1. Satz: 3 Lkw brauchen 24 Tage.
2. Satz: 1 Lkw braucht 72 Tage.
3. Satz: 4 Lkw brauchen 18 Tage.

Anzahl Lkw	Anzahl Tage
3	24
1	72
4	18

: 3   • 3
• 4   : 4

1. Satz: 10 Stunden erfordern 9 Roboter.
2. Satz: 1 Stunde erfordert 90 Roboter.
3. Satz: 6 Stunden erfordern 15 Roboter.

Anzahl Stunden	Anzahl Roboter
10	9
1	90
6	15

: 10   • 10
• 6   : 6

Seite 16

Aufgabe 1

10 Eier müssen auch nur 6 Minuten ins kochende Wasser.

Es ist sehr unwahrscheinlich, dass Franzl Backenhauer weitere 10 Tore schießt.

Sicherlich wird er keine 2,40 m groß sein und vermutlich auch keine 96 kg wiegen.

Auch mit doppelt so vielen Lehrern wäre es nicht schneller gegangen.

Seite 17

Aufgabe 2   Thought is free   Die Gedanken sind frei

Aufgabe	Sp. 1	Sp. 2	Sp. 3	Sp. 4
Bäckermeister Heiner Stutenkerl backt aus einer Teigmenge 40 Brote zu je 750 g. Wie viele Brote zu je 500 g kann er aus dieser Teigmenge herstellen?	S	T 60 Brote	B	T
Doris Decker produzierte im 1. Satz gegen Andrea Gassi 7 Asse. Sie spielten drei Sätze. Wie viele Asse waren es insgesamt für Doris Decker?	O	T	H	H
Bei 36 Stunden Arbeit verdiente H. Aurein 432 €. Letzte Woche hat er nur 324 € verdient. Wie viele Stunden hat er gearbeitet?	O 27 Stunden	R	U	O
Gastwirt Stan Suurbier kauft 400 Flaschen Wein beim Winzer T. Raube für 2600 €. Sein Kollege Willi Winepansch bestellt 440 Flaschen. Wie viel bezahlt er?	U 2860 €	P	N	U
Bauer A. Sparagus kann seine Spargelfelder von 7 Helfern in acht Stunden bearbeiten lassen. Leider sind aber 3 seiner Helfer erkrankt. Wie lange dauert es jetzt?	I	G 14 Stunden	T	G
Vertreter Harry Drivemal tankt 52 Liter Super Plus für 117 €. Wie viel kosten 44 Liter Super Plus an der gleichen Tankstelle?	H 99 €	D	O	H
Bauer Q. Fladens Futtervorräte für seine 40 Kühe reichen noch 12 Wochen aus. Wie viele Rinder muss er verkaufen, wenn er 15 Wochen mit seinen Futtervorräten auskommen will?	I	T 8 Kühe	B	T
Koch Karlchen Boilnix kocht 15 Kartoffeln der Sorte Hansa in 25 Minuten gar. Wie lange braucht er, um 25 Kartoffeln derselben Sorte gar zu kochen?	T	E	I	I
Ein großes Grundstück wird in 34 gleich große Bauplätze zu je 380 m² aufgeteilt. Die Anzahl der Bauplätze wird auf 40 erhöht. Wie groß ist jetzt jeder Bauplatz?	W	S 323 m²	Y	S
Aus 24 ausgereiften Apfelsinen erhält man 2 Liter Bollentrinasaft. Wie viele Früchte benötigt man für 60 Liter dieses Saftes?	F 720 Früchte	G	I	F
Der Wanderverein »No Harry« legte in 5 Stunden 24 km zurück. Bis zum Ziel sind es weitere 14,4 km. Wie lange müssen sie noch wandern, wenn sie dasselbe Tempo beibehalten?	R 3 Stunden	A	L	R
Busunternehmer Harry Vehikel vermietet seinen Bus zu einem Festpreis. Bei 54 Personen zahlt jeder 36 €. Bei einem Ausflug nahmen nur 45 Personen teil. Wie viel zahlt jeder?	D	E 43,20 €	I	E
12 Flaschen Tunika Ekstase kosten 7,20 €. Wie teuer sind 7 Flaschen dieser köstlichen Limonade?	E 4,20 €	N	Y	E

Seite 19

Aufgabe 1   a) -73 b) 4 c) -19 d) 65 e) -43 f) 51 g) 24

Aufgabe 2   a) 440 b) -220 c) -670 d) 110 e) -490 f) 850 g) -30

Aufgabe 3

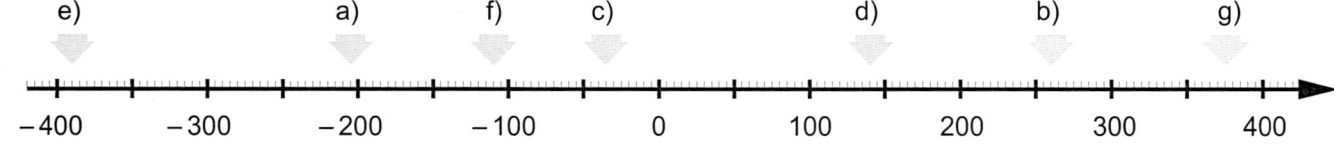

Aufgabe 4

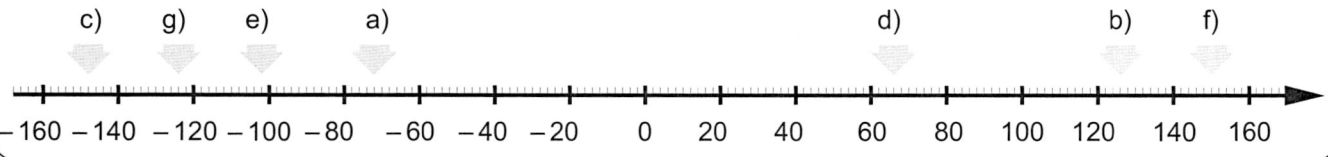

Seite 20

Aufgabe 1 a) $-6,3$ b) $0,9$ c) $-1,2$ d) $6,5$ e) $-3,3$ f) $5,1$ g) $3,4$

Aufgabe 2 a) $1\frac{1}{10}$ b) $-\frac{5}{8}$ c) $-1\frac{3}{4}$ d) $\frac{1}{2}$ e) $-1\frac{1}{8}$ f) $1\frac{19}{20}$ g) $-\frac{1}{4}$

Aufgabe 3

```
      e)           a)              f)    c)                    d)              b)                  g)
      ▼            ▼               ▼     ▼                     ▼               ▼                   ▼
├──┼──┼──┼──┼──┼──┼──┼──┼──┼──┼──┼──┼──┼──┼──┼──┼──┼──┼──┼──┼──┼──┼──►
 −4       −3       −2       −1       0        1        2        3        4
```

Aufgabe 4

```
         c)              e)      g)    a)                 d)                         b)        f)
         ▼               ▼       ▼     ▼                  ▼                          ▼         ▼
├──┼──┼──┼──┼──┼──┼──┼──┼──┼──┼──┼──┼──┼──┼──┼──┼──┼──┼──┼──┼──┼──┼──►
−8    −7    −6    −5    −4    −3    −2    −1    0    1    2    3    4    5    6    7    8
```

Seite 21

Aufgabe 1

```
            a)      e)       c)              b)                 g)              d)       f)
            ▼       ▼        ▼               ▼                  ▼               ▼        ▼
├──┼──┼──┼──┼──┼──┼──┼──┼──┼──┼──┼──┼──┼──┼──┼──┼──┼──┼──┼──┼──┼──┼──►
−8    −7    −6    −5    −4    −3    −2    −1    0    1    2    3    4    5    6    7    8
```

Aufgabe 2   Idleness is the root of all evil   Müßiggang ist aller Laster Anfang

	richtig	falsch
Die Gegenzahl von $-17,8$ ist $+17\frac{7}{10}$		ID
Die Zahl -53 hat von der Null denselben Abstand wie $+53$	Le	
Die Zahlen $+11$ und -11 haben den Betrag 11	ne	
Die Addition der Beträge von $+11$ und -11 ergibt -22		SS
Die Zahl -1000 liegt auf der Zahlengerade genau so weit entfernt wie $+1001$		is
Auf der Zahlengerade liegt $-3,5$ auf der Mitte zwischen $+3$ und -4		th
$\mid-150\mid-\mid-80\mid=70$	e	
$\mid-3,2\mid+\mid+3,7\mid=0,5$		ro
$\mid-3,2\mid=\mid+3\frac{1}{5}\mid$	ot	
Der Betrag von -7 ist 7	of	
Die Gegenzahl von 3000 € Schulden bedeutet 3000 € Guthaben	al	
$-6; +5; -3,2; +4$ sind Zahlen, deren Betrag kleiner ist als 3		le
Die Addition einer Zahl und ihrer Gegenzahl ergibt Null	v	
$\mid-6,5\mid>\mid-7,1\mid$		il

... kinderleicht erklärt

Seite 22

Aufgabe 1

a) $-34,5$ **>** $-35,4$ b) $-2,5$ **<** $-2,4$ c) $-14,5$ **<** $+12,5$

d) $-67,5$ **<** $-66,9$ e) $+17,6$ **>** $+12,7$ f) $+11,1$ **>** $-0,98$

Aufgabe 2

$-76,4 < -74,6 < -67,4 < -64,7 < -47,6 < -46,7 < -23,9 < -17,1 < +0,5 < +16,2$

Aufgabe 3

Galileo Galilei 1564, Newton 1643, Darwin 1809, Edison 1847, Einstein 1879

Aufgabe 4

2200 v. Chr. Tontafeln aus Babylon mit Aufzählung von Grundstücken sowie Maßangaben und Berechnungen in Keilschrift

1100 v. Chr. Chou-kung in China misst mit dem Schattenstab die Schiefe der Sonnenbahn

585 v. Chr. Thales von Milet berechnet eine Sonnenfinsternis voraus

535 v. Chr. Einführung des Abakus in Griechenland

325 v. Chr. Euklid von Alexandria schreibt 13 Bücher der »Elemente«, u. a. über Geometrie

75 n. Chr. Heron aus Alexandria misst Höhen trigonometrisch

175 n. Chr. Inder kennen dezimales Zahlensystem

Seite 23

Aufgabe 1

C(-3 | -7), D($+4$ | -6), F(0 | $+5$), G(-8 | 0), H(-6 | -6), J($+2$ | -4), K($+6$ | $+2$), L(-3 | $+7$), M(-5 | -2), N($+1$ | -7), O($+8$ | $+6$), Q($+4$ | $+7$), R(0 | 0).

Aufgabe 2

$A_1(+3 | -4)$? 4. Quadrant

$A_2(+1 | +6)$? 1. Quadrant

$A_3(-7 | -9)$? 3. Quadrant

$A_4(-1 | +4)$? 2. Quadrant

$A_5(+6 | -9)$? 4. Quadrant

$A_6(+5 | +5)$? 1. Quadrant

$A_7(-6 | -4)$? 3. Quadrant

$A_8(-8 | +1)$? 2. Quadrant

Aufgabe 3

	Vorzeichen der	
	1. Koordinate	2. Koordinate
1. Quadrant	+	+
2. Quadrant	−	+
3. Quadrant	−	−
4. Quadrant	+	−

Seite 24

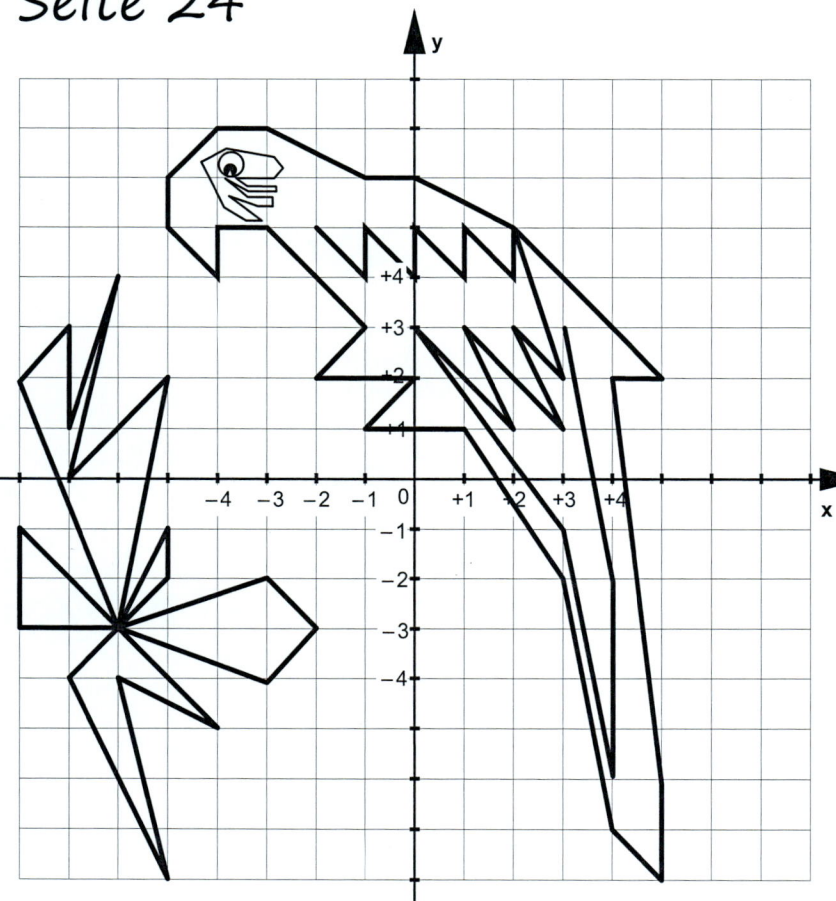

Seite 25

Aufgabe 1

a) $(-3,5)+(+7,2)=+3,7$

b) $(+16,1)+(+11,6)=+27,7$

c) $(-7\frac{1}{3})+(-8\frac{5}{6})=-16\frac{1}{6}$

d) $(+6\frac{1}{2})+(-11\frac{3}{4})=-5\frac{1}{4}$

e) $(-112)+(+389)=+277$

f) $(+6,15)+(-9,02)=-2,87$

g) $(+16\frac{1}{2})+(-7,2)=+9,3$

h) $(-113,9)+(-87,4)=-201,3$

i) $(+0,578)+(-0,482)=+0,096$

j) $(-3\frac{11}{15})+(+1\frac{1}{3})=-2\frac{2}{5}$

Aufgabe 2

a) $(-9,5)-(+2,7)=-12,2$

b) $(-5\frac{3}{4})-(-7\frac{3}{8})=+1\frac{5}{8}$

c) $(+357)-(+431)=-74$

d) $(+0,876)-(-0,478)=+1,354$

e) $(-3\frac{4}{5})-(+8\frac{1}{2})=-12\frac{3}{10}$

f) $(-12,3)-(-36,2)=+23,9$

g) $(-11,5)-(+23\frac{1}{2})=-35$

h) $(+83,5)-(+19,8)=+63,7$

i) $(-0,674)-(-0,792)=+0,118$

j) $(+49,3)-(-52\frac{4}{5})=+102,1$

Seite 32

Aufgabe 1

a) $(+34)+(-18)=34-18=16$

b) $(+4,5)-(-2,3)=4,5+2,3=6,8$

c) $(-7,4)+(-11)=-7,4-11=-18,4$

d) $(-9,8)-(-16)=-9,8+16=6,2$

e) $(-4,5)+(+13)=-4,5+13=8,5$

f) $(-25)-(+13)=-25-13=-38$

Aufgabe 2

Seite 33

START 14,9

−23,8 → −8,9	+17,6 → 8,7	−41,5 → −32,8	+65,8 → 33,0	−27,9 → 5,1	−38,2 → −33,1
+38,1 → 5,0	−9,9 → −4,9	+3,7 → −1,2	+30,8 → 29,6	−31,0 → −1,4	+2,9 → 1,5
+27,7 → 29,2	−23,9 → 5,3	−0,1 → 5,2	+27,4 → 32,6	−0,2 → 32,4	−3,7 → 28,7
−57,3 → −28,6	+34,7 → 6,1	+25,9 → 32,0	−64,1 → −32,1	+26,1 → −6,0	+11,9 → 5,9
+3,5 → 9,4	−18,9 → −9,5	+23,5 → 14,0	−0,1 → 13,9	−23,8 → −9,9	+23,7 → 13,8
+10,4 → 24,2	−0,1 → 24,1	−38,3 → −14,2	−9,6 → −23,8	+16,7 → −7,1	−9,6 → −16,7
−0,1 → −16,8	+23,5 → 6,7	−13,2 → −6,5	−10,7 → −17,2	+34,2 → 17,0	+4,3 → 21,3
+9,8 → 31,1	−62,3 → −31,2	+6,4 → −24,8	+0,2 → −24,6	+38,2 → 13,6	−27,1 → −13,5
+41,4 → 27,9	−55,6 → −27,7	+52,7 → 25,0	+2,3 → 27,3	−52,7 → −25,4	−5,2 → −30,6
+17,9 → −12,7	+9,5 → −3,2	+16,3 → 13,1	+14,0 → 27,1	−57,7 → −30,6	+48,9 → 18,3
+5,0 → 23,3	−8,4 → 14,9	−19,8 → −4,9			

```
1,1   29,8  −4,7  33,4   8,3  15,4  22,7  11,8  19,0   8,2  15,5  22,6  29,9  26,2  26,3  −11,9  19,1   4,6
−1,2  29,7   4,8  33,4   8,4 −15,3  22,8  11,7  18,9   8,1  15,6  22,5  30,0  26,1 −26,4  12,0   19,2   4,5
1,3   29,6  −4,9  33,2  −8,5  15,2  22,9  11,6  18,8   8,0  15,7  22,4  30,1  26,0  26,5  12,1   19,3   4,4
−1,4  29,5   5,0 −33,1   8,6  15,1  23,0  11,5 −18,7  −7,9  15,8  22,3  30,2 −25,9  26,6  12,2  −19,4   4,3
1,5   29,4   5,1  33,0   8,7 −15,0  23,1  11,4  18,6   7,8  15,9  22,2  30,3  25,8 −26,7  12,3   19,5  −4,2
1,6   29,3   5,2  31,9   8,8  14,9  23,2  11,3 −18,5   7,7 −16,0  22,1  30,4  25,7  26,8 −12,4   19,6   4,1
1,7   29,2   5,3 −31,8  −8,9  14,8  23,3 −11,2  18,4   7,6  16,1 −22,0  30,5 −25,6  26,9  12,5  −19,7   4,0
−1,8  29,1  −5,4  32,7   9,0  14,7 −23,4  11,1  18,3  −7,5  16,2  21,9 −30,6  25,5 −27,0  12,6   19,8  −3,9
1,9   29,0   5,5  32,6   9,1  14,6  23,5  11,0 −18,2   7,4 −16,3  21,8  30,7 −25,4 −27,1 −12,7   19,9   3,8
2,0   28,9   5,6 −31,5  −9,2 −14,5  23,6  10,9  18,1   7,3  16,4 −21,7  30,8  25,3 −27,2  12,8  −20,0  −3,7
2,1  −28,8  −5,7  31,4   9,3  14,4  23,7  10,8  18,0   7,2  16,5  21,6  30,9  25,2  27,3 −12,9   20,1   3,6
−2,2  28,7  −5,8 −32,3   9,4  14,3 −23,8 −10,7 −17,9  −7,1  16,6  21,5 −31,0 −25,1  27,4  13,0   20,2  −3,5
2,3  −28,6   5,9  32,2  −9,5 −14,2  23,9  10,6  17,8   7,0 −16,7 −21,4  31,1  25,0  27,5  13,1  −20,3   3,4
−2,4  28,5  −6,0 −32,1   9,6  14,1  24,0  10,5  17,7   6,9 −16,8  21,3 −31,2  24,9  27,6 −13,2   20,4   3,3
2,5  −28,4   6,1  32,0  −9,7  14,0  24,1 −10,4 −17,6  −6,8   6,9  21,2  31,3 −24,8 −27,7  13,3  −20,5   3,2
−2,6  28,3   6,2  31,9   9,8  13,9  24,2  10,3  17,5  6,7  17,0 −21,1  31,4  24,7  27,8  13,4   20,6  −3,1
2,7  −28,2   6,3 −31,8  −9,9  13,8  24,3  10,2  17,4  6,6  17,1  21,0  31,5 −24,6  27,9 −13,5   20,7   3,0
2,8   28,1  −6,4  31,7  10,0 −13,7  24,4  10,1  17,3  −6,5 −17,2  20,9 −31,6  24,5 −28,6 −13,6  −20,8   2,9
```

Seite 34

Aufgabe 1

		richtig	**falsch**
$58 + (27 - 52) = 83$	33		H
$-73 - (12 + 24) = -61$	-109		O
$112 - (46 - 15) + 58 = 139$		M	
$83 + (-56 + 37) = 47$	64		e
$85 - (-47 + 19) = 113$		i	
$-9,8 - (7,4 - 15,2) = -2$		s	
$90 + (-51 + 17) - (-34 - 8) = 98$		w	
$5\frac{7}{8} - (3\frac{1}{2} - 8\frac{3}{4}) = -6\frac{5}{8}$	$11\frac{1}{8}$		H
$-27 + 45 - (34 - 89) = 125$	73		e
$-17,4 + (-11,8 + 28,1) = -1,1$		r	
$2,33 + (1,56 - 3,05) = 0,92$	0,84		e
$11\frac{1}{3} + (-6\frac{2}{9} + 4\frac{1}{6}) = 9\frac{5}{18}$		t	
$8,8 - (-3,2 - 1,4) + (-9 - 1,3) = 3,1$		H	
$-(2,3 + 6,7) + (18,9 - 6,4) = 2,6$	3,5		e
$6\frac{1}{2} + (-3,2 - 1\frac{3}{5}) = 1,7$		H	
$4,7 + (-1,6 + 8,4) = 7,3$	11,5		e
$-23 - (-17 + 47 - 6) = -47$		a	
$(-23 - 15) - (34 - 102) = 30$		r	
$56 - [-23 - (15 + 11)] = 43$	105		t
$12 - (17 - 23) + (26 - 38) = 3$	6		i
$2,2 - [4,1 - (-1,9 + 4,3)] = 0,5$		s	

Home is where the heart is

Heimat ist dort, wo das Herz ist

It is too late to shut the stable door after the horse has bolted
Wenn das Pferd bereits ausgebüxt ist, hat es wenig Sinn,
die Stalltür zu schließen

Seite 35

Aufgabe 1

ergebnis		silben
1.	$+ 6$	it
2.	$+ 165$	is
3.	$+ 46$	too
4.	$- 10$	la
5.	$+ 126$	te
6.	$+ 8$	to
7.	$+ 9$	shut
8.	$- 40$	the
9.	$+ 27$	sta
10.	$- 96$	ble
11.	$+ 15$	do
12.	$- 23$	or
13.	$- 24$	aft
14.	$+ 14$	er
15.	$- 2$	the
16.	$+ 2$	ho
17.	0	rse
18.	$- 64$	has
19.	$+ 95$	bol
20.	$+ 16$	ted

Seite 40

Aufgabe 1

a) $17 \cdot (-5) \cdot (-20) =$ 1700

b) $2,5 \cdot (-8) \cdot (-5) =$ 100

c) $(-12) \cdot (-15) \cdot (-2) =$ -360

d) $(-8) \cdot 13 \cdot (-25) =$ 2600

e) $4 \cdot 0,3 \cdot (-0,75) =$ 0,9

f) $(-9) \cdot 3,5 \cdot (-\frac{2}{3}) =$ 21

Aufgabe 2

a) $25 \cdot (-3) \cdot 4 \cdot (-8) \cdot (-12,5) =$ -30000

b) $(-4) \cdot 9 \cdot (-25) \cdot (-8) =$ -7200

c) $(-12) \cdot (-125) \cdot (-8) \cdot 5 =$ -60000

d) $(-2) \cdot 13 \cdot (-50) \cdot (-3) =$ -3900

e) $125 \cdot (-4) \cdot 0,3 \cdot (-8) \cdot 5 =$ 6000

f) $(-9) \cdot 20 \cdot (-5) \cdot 11 =$ 9900

Seite 40

Aufgabe 3

a) $4 \cdot (-25 + 8) =$ -68

b) $(-4) \cdot (12,5 - 16) =$ 14

c) $(-12) \cdot (125 - 108) =$ -204

d) $(-2 + 13) \cdot (-23) =$ -253

e) $125 \cdot [4 + (-8)] =$ -500

f) $(-9 + 20) \cdot (-7) =$ -77

Aufgabe 4

a) $25 \cdot (-3) + 25 \cdot 20 + 25 \cdot (-12) = 25 \cdot (-3 + 20 - 12) = 25 \cdot 5 =$ 125

b) $(-4) \cdot 9 + (-4) \cdot (-8) + (-4) \cdot 22 = -4 \cdot (9 - 8 + 22) = -4 \cdot 23 =$ -92

c) $16 \cdot (-12) + 16 \cdot 8 + 16 \cdot 9 = 16 \cdot (-12 + 8 + 9) = 16 \cdot 5 =$ 80

d) $(-2) \cdot 17 + (-5) \cdot 17 + 19 \cdot 17 = (-2 - 5 + 19) \cdot 17 = 12 \cdot 17 =$ 204

e) $12,5 \cdot (-4) + 3 \cdot (-4) + 5 \cdot (-4) = (12,5 + 3 + 5) \cdot (-4) = 20,5 \cdot (-4) =$ -82

f) $(-9) \cdot 18 + (-9) \cdot 11 - 23 \cdot (-9) = -9 \cdot (18 + 11 - 23) = -9 \cdot 6 =$ -54

g) $69 \cdot (-9) + (-27) \cdot (-9) + 35 \cdot (-9) = (69 - 27 + 35) \cdot (-9) = 77 \cdot (-9) =$ -693

h) $(-6) \cdot 20 + (-6) \cdot (-31) - 17 \cdot (-6) = -6 \cdot (20 - 31 - 17) = -6 \cdot (-28) =$ 168

Seite 41

Aufgabe 1

	ergebnis	silben
1.	31,3	yo
2.	-50	uc
3.	111	an
4.	-11	no
5.	91	tr
6.	25	un
7.	17	wi
8.	108	th
9.	-20	the
10.	61	ha
11.	-9	re
12.	24	and
13.	13	hu
14.	58	nt
15.	-22	wi
16.	-24	th
17.	8	the
18.	-26	ho
19.	-122	un
20.	323	ds

Seite 42

Aufgabe 1

A 3	B 5	2		C 6	D 4	E 5
4	1		F 4		2	4
4		G 8	1	H 6		0
	J 5	2	3	0	2	
K 5		6	2	3		L 1
M 1	0		5		N 4	6
O 9	5	3		P 2	9	8

You cannot run with the hare and hunt with the hounds

Man kann nicht gleichzeitig mit dem Hasen rennen und mit den Hunden jagen

Seite 43

Aufgabe 1   Union is strength
Einigkeit macht stark

	~~3•(x–25)~~	𝖆	3•x–25
𝖓	x:2+11		~~2•x–11~~
𝖎	(x+15)•7		~~x+15•7~~
	~~3•x–186:5~~	𝖔	(186–3•x):5
𝖓	57–(x+19)		~~57–x+19~~
	~~186+5•x•7~~	𝖎	(186+5•x)•7
	~~3•x–41~~	𝖘	41–3•x
	~~4•(x–478)~~	𝖘	4•x–478
𝖙	146–8•x		~~8•x–146~~
	~~–4•x+7~~	𝖗	–4•(x+7)
𝖊	5•23+½•x		~~5•23•2•x~~
	~~70+7•x~~	𝖓	70:(7•x)
	~~17–x•17+x~~	𝖌	(17–x)•(17+x)
	~~(17+38)•(x–4)~~	𝖙	(17–38):(4+x)
	~~3•x+9•4~~	𝖍	(3•x+9)•4

Seite 44

Aufgabe 1

	richtig	falsch
9•b+7•b–3•b=13b		M
	A	
25•a+23•b=25a+23b		N
	Y	
6•5•m•n=30mn		H
7,93•t–6,93•t=t		A
	N	
9•p–(2•p+4•p)=3p		D
	S	
	M	
	A	
4•3•u•v=12uv		K
a+a+a–a=2a		E
	L	
	I	
7•g–3•g+4•g–6•g=2g		G
	H	
11•c–c=10c		T
	W	
	O	
a–35a=–34a		R
35b–17–18b=17b–17		K

Many hands make light work
Viele Hände erleichtern die Arbeit

Aufgabe 2

a)	5•x
b)	⅓•x oder $\frac{x}{3}$
c)	⅛•x oder $\frac{x}{8}$
d)	125•x
e)	4•x+½ x
f)	7,5•x
g)	9•x–7
h)	⅕•x+9
i)	3•x–8
j)	¼•x+6
k)	x:3 oder $\frac{x}{3}$
l)	3•(½•x+12)
m)	⅓•(5•x–9)

Seite 45

Aufgabe 1   Pride goes before a fall
Hochmut kommt vor dem Fall

start
P — 7 — R
5
I
32
D
60 — E — 12
G — 79 — O — 39 — E — 15 — S — 24 — B — 80 — E — 3 — F — 23 — O
A — 54 — L — 65 — L
35 — F — 70 — A — 49 — E — 18 — R — 28 — O

Seite 46

Aufgabe 1

Never look a gift horse in the mouth
Einem geschenkten Gaul schaut man nicht ins Maul

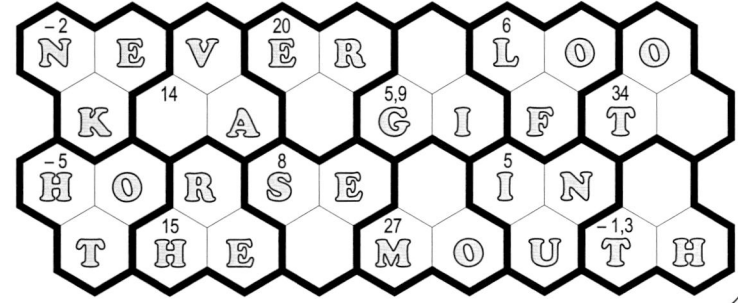

N(–2) E V(20) E R L(6) O O
K(14) A(5,9) G I F T(34)
H(–5) O R S(8) E I(5) N
T(15) H E M(27) O U T(–1,3) H

Seite 49

Aufgabe 1

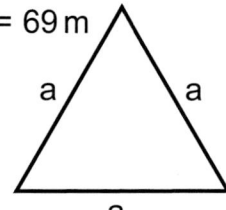
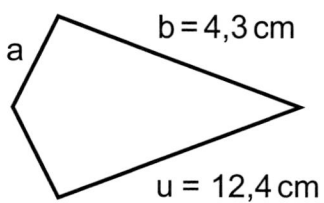

u = 84 dm

u = 4 • a

$\frac{u}{4}$ = a

a = 21 dm

A = 156 cm²   b = 12 cm

A = a • b

$\frac{A}{b}$ = a

a = 13 cm

u = 69 m

u = 3 • a

$\frac{u}{3}$ = a

a = 23 m

b = 4,3 cm

u = 12,4 cm

u = 2 • (a + b)

$\frac{u}{2}$ = a + b

$\frac{u}{2}$ − b = a

a = 1,9 cm

Aufgabe 2

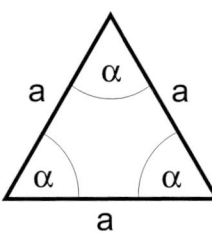
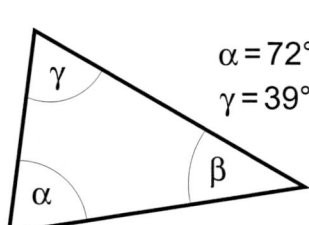
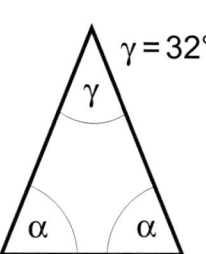
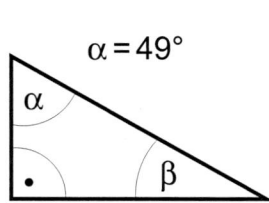

3 • α = 180°

α = 60°

α = 72°

γ = 39°

α + β + γ = 180°

γ = 180° − α − γ

γ = 69°

γ = 32°

2 • α + γ = 180°

2 • α = 180° − γ

α = $\frac{180° − γ}{2}$

α = 74°

α = 49°

α + β = 90°

β = 90° − α

β = 41°

Seite 50

Aufgabe 1

3 • x − 10,4 =   6,4 | + 10,4

3 • x = 16,8 | : 3

x =   5,6

Die gesuchte Zahl ist 5,6.

Aufgabe 2

95 + 13 • x =   186 | − 95

13 • x =   91 | : 13

x =   7

Die gesuchte Zahl ist 7.

Aufgabe 3

x + x + 5000 + x + 10000 + x + 15000 = 250000

4 • x + 30000 = 250000 | − 30000

4 • x = 220000 | : 4

x =   55000

Der älteste Sohn erhält 55000 £.

Seite 51

Aufgabe 1

a) 12 % = $\frac{12}{100}$ = $\frac{3}{25}$ b) 15 % = $\frac{15}{100}$ = $\frac{3}{20}$ c) 45 % = $\frac{45}{100}$ = $\frac{9}{20}$ d) 20 % = $\frac{20}{100}$ = $\frac{1}{5}$

e) 35 % = $\frac{35}{100}$ = $\frac{7}{20}$ f) 80 % = $\frac{80}{100}$ = $\frac{4}{5}$ g) 50 % = $\frac{50}{100}$ = $\frac{1}{2}$ h) 25 % = $\frac{25}{100}$ = $\frac{1}{4}$

Seite 51

Aufgabe 2

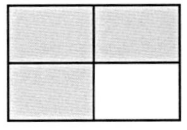 75 %
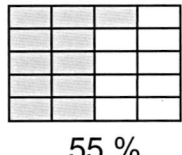 55 %
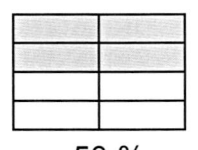 50 %
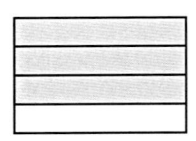 75 %
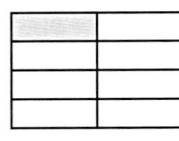 12,5 %

Aufgabe 3

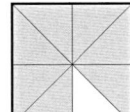 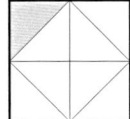    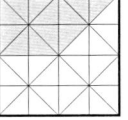

Aufgabe 4

a) 40 € von 50 €   80 %   b)   45 t von 180 t   25 %

c) 8 kg von 20 kg   40 %   d)   15 € von 25 €   60 %

e) 12 von 50 Schülern   24 %   f)   60 von 240 Sportlern   25 %

g) 46 t von 200 t   23 %   h)   9 $ von 45 $ 20 %

Seite 52

Aufgabe 1

a) 25 % von 80 €?   20 €   e) $33\frac{1}{3}$ % von 120 €?   40 €

b) 37,5 % von 16 t?   6 t   f) 50 % von 428 kg?   214 kg

c) 5 % von 80 km²?   4 km²   g) 62,5 % von 240 l?   150 l

d) 20 % von 60 ha?   12 ha   h) $66\frac{2}{3}$ % von 240 cm?   160 cm

Aufgabe 2

G = 80 €	W = 3,20 €	p % = 4 %
G = 125 t	W = 25 t	p % = 20 %
G = 40 km²	W = 2 km²	p % = 5 %
G = 30 ha	W = 60 ha	p % = 200 %

Aufgabe 3

a) G = 2000 €

b) G = 200 kg

c) G = 160 km

d) G = 120 l

e) G = 1000 t

Seite 59

Aufgabe 1

K	600€	400€	750€	2000€	2200€	75€	1500€
p%	7%	3%	6%	2,5%	4%	8%	4,5%
Z	42€	12€	45€	50€	88€	6€	67,50€

Aufgabe 2

K	700€	9000€	7500€	200€	800€	450€	2500€
p%	2,5%	15%	9%	25%	7%	12%	5%
Z	17,50€	1350€	675€	50€	56€	54€	125€

Aufgabe 3

Antwort:
Sie zahlt nach einem
Jahr 6810 € zurück.

Aufgabe 4

Antwort:
Er könnte einen Kredit
über 140 000 € aufnehmen.

Aufgabe 5

Antwort:
Das Geld wurde mit
7,5 % verzinst.

Seite 62

Aufgabe 2 $\alpha = 68°$ $\delta = 131°$ $\beta = 131°$ $\gamma = 131°$

Aufgabe 3

	a	b	c	d	e	f	g	h	i	j	k	l
α	35°	49°	5°	72°	83°	60°	30°	106°	56°	45°	53°	90°
β	90°	82°	150°	54°	7°	60°	120°	43°	83°	70°	92°	45°
γ	55°	49°	25°	54°	90°	60°	30°	31°	41°	65°	35°	45°
	re	gl	st	gl	re	gs	st	st	sp	sp	st	re
	sp			sp			gl					gl

Seite 63

Aufgabe 1

(2) Benenne den Schnittpunkt der Kreisbögen mit C.

(1) Zeichne um A einen Kreisbogen mit dem Radius b = 2,2 cm.

(1) Zeichne die Strecke $\overline{AB}$ (c = 2,8 cm).

(3) Verbinde A mit C und B mit C.

(2) Zeichne um B einen Kreisbogen mit dem Radius a = 1,7 cm.

Aufgabe 2

Du erhältst ein gleichschenkliges Dreieck.

Aufgabe 3

Du solltest ein rechtwinkliges Dreieck erhalten.

Aufgabe 4   Die beiden Kreisbögen können sich nicht schneiden: a + b < c

Seite 64

Aufgabe 1

(3) Benenne den Schnittpunkt der freien Schenkel mit C.

(2) Trage in A den Winkel α = 42° an.

(3) Trage in B den Winkel β = 68° an.

(1) Zeichne die Strecke $\overline{AB}$ (c = 2,8 cm).

Aufgabe 2   Der Eiffelturm ist mit Antenne 320,8 m hoch.

Aufgabe 3

(1) Zeichne die Strecke $\overline{AC}$ (b = 4,6 cm).

(2) Trage in A den Winkel α = 35° an.

(3) Trage in C den Winkel γ = 67° an.

(4) Benenne den Schnittpunkt der freien Schenkel mit B.

Aufgabe 4

Weil die Winkelsumme im Dreieck 180° beträgt, α und γ ergeben zusammen 204°.

Seite 65

Aufgabe 1

Seite 65

Aufgabe 2

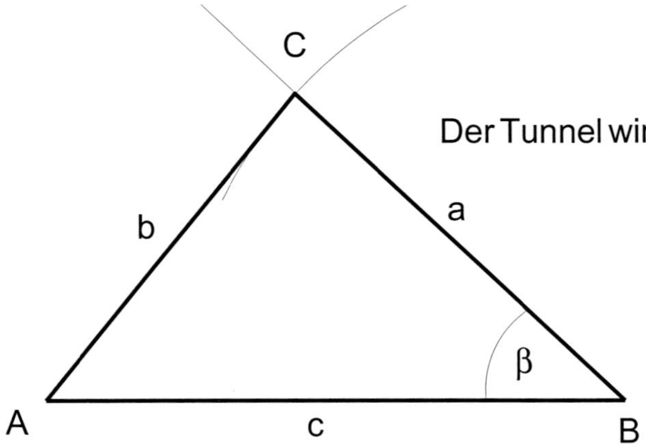

Der Tunnel wird mindestens 480 m lang.

Seite 66

Aufgabe 1

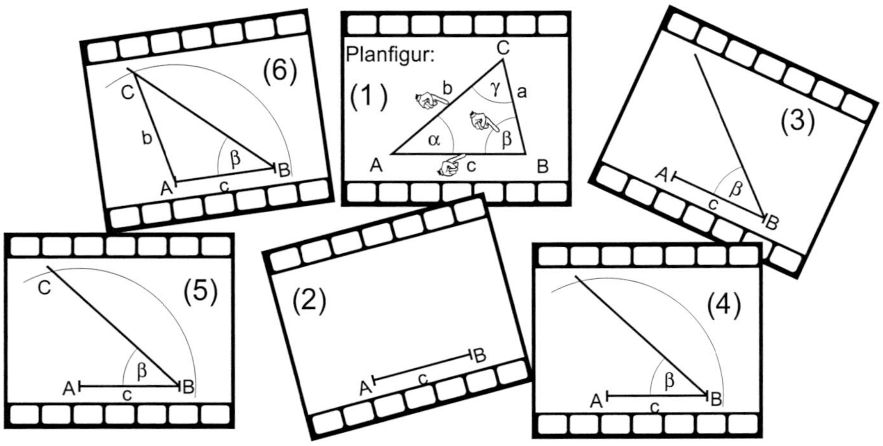

Aufgabe 2

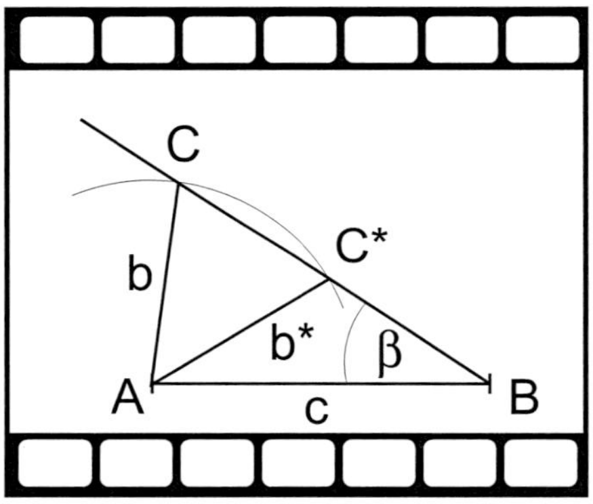

zwei Dreiecke

Gegeben: c = 5 cm, b = 4 cm, $\beta = 48°$

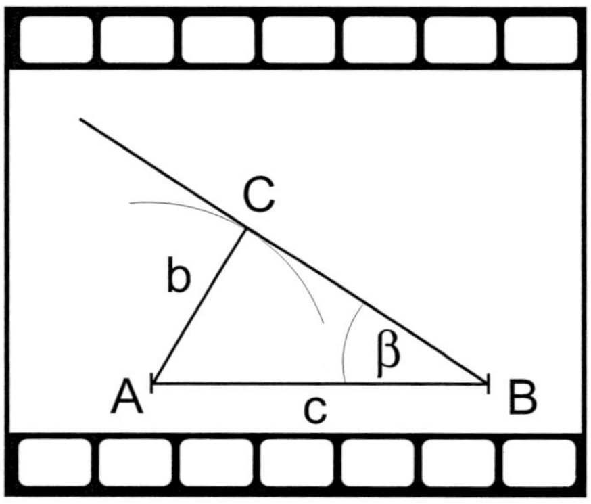

ein Dreieck

Gegeben: c = 10 cm, b = 5 cm, $\beta = 30°$

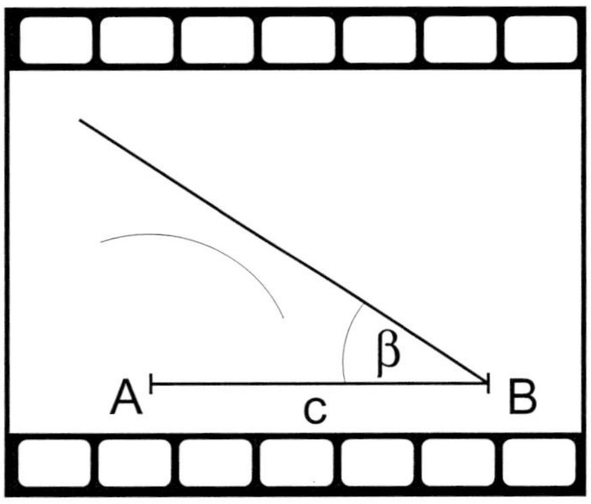

kein Dreieck

Gegeben: c = 5 cm, b = 4 cm, $\beta = 67°$

Seite 67

Aufgabe 1

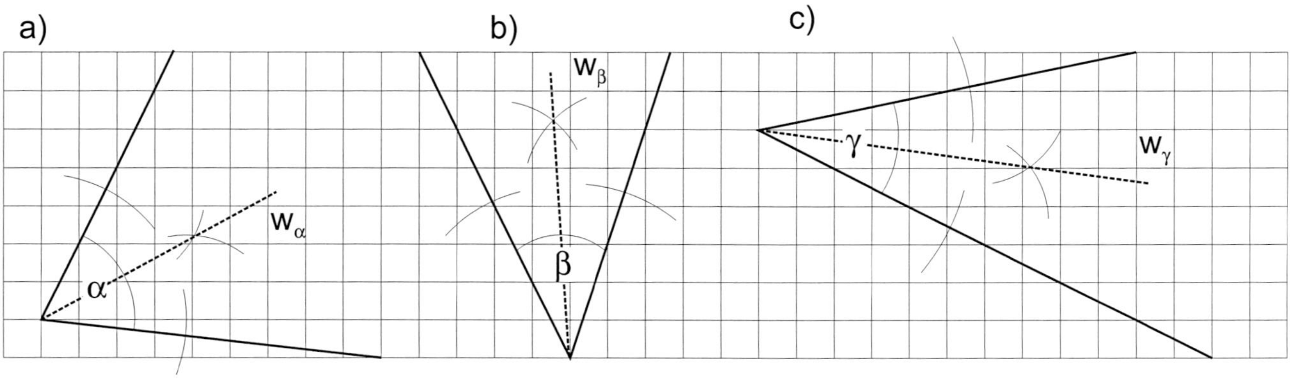

a)

b)

c)

Seite 67

Aufgabe 2

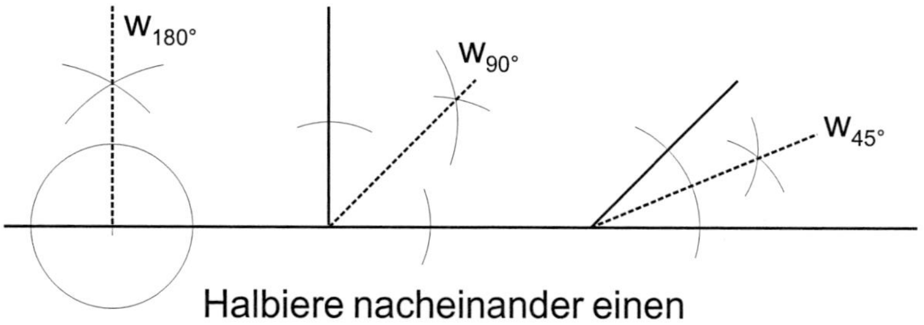

Aufgabe 3

$W_{180°}$
$W_{90°}$
$W_{45°}$

Halbiere nacheinander einen gestreckten Winkel

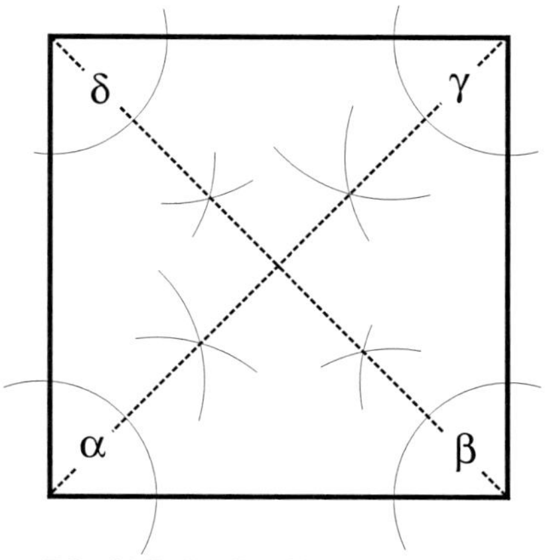

Die Winkelhalbierenden schneiden sich in einem Punkt.

Seite 68

Aufgabe 1

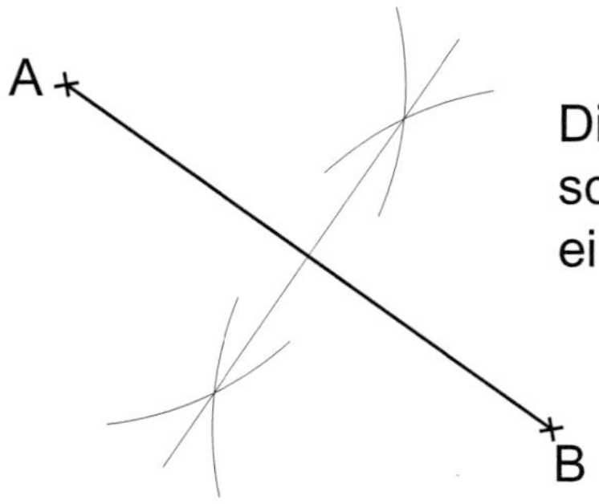

A
B

Die Mittelsenkrechten schneiden sich in einem Punkt.

Aufgabe 2

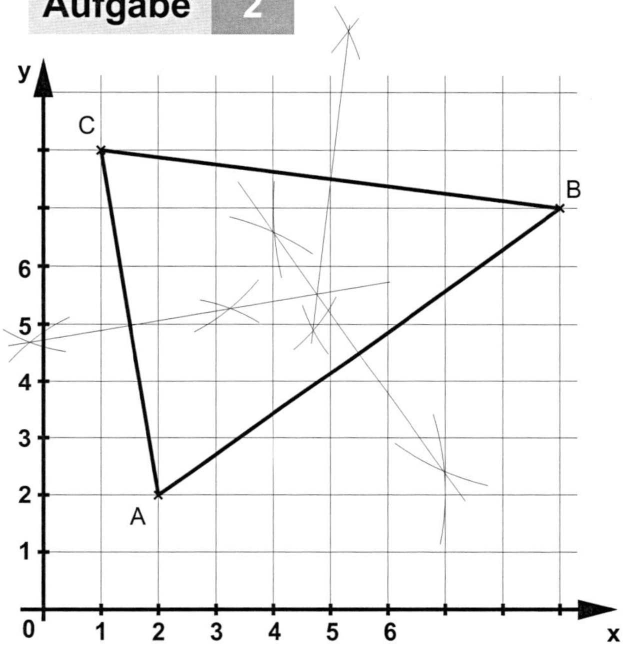

Seite 69

Aufgabe 1

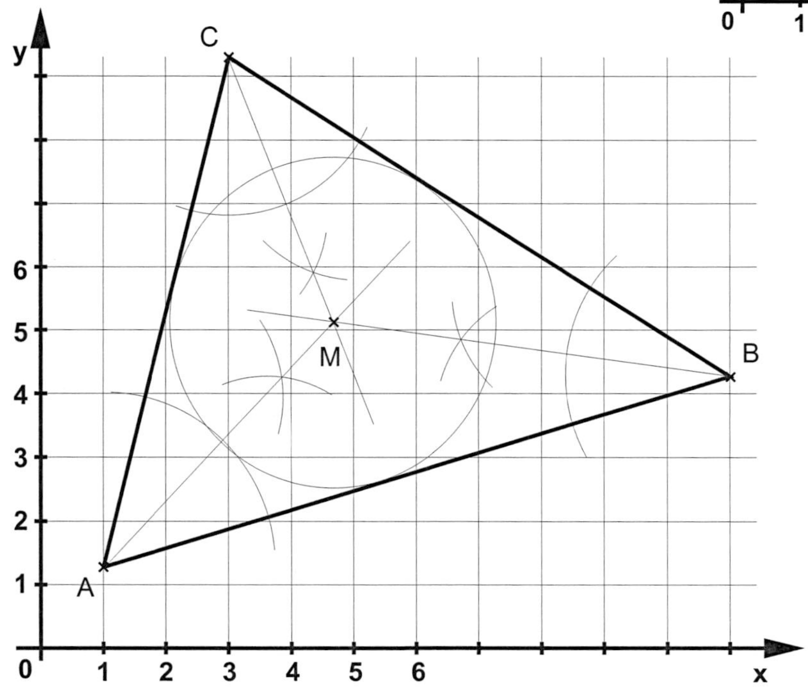

Aufgabe 2

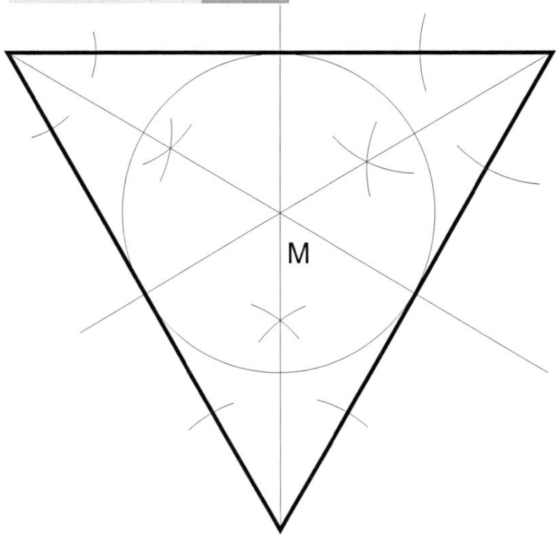

Radius Inkreis : Länge Mittelpunkt/Eckpunkt = 1 : 2

Seite 70

Aufgabe 1

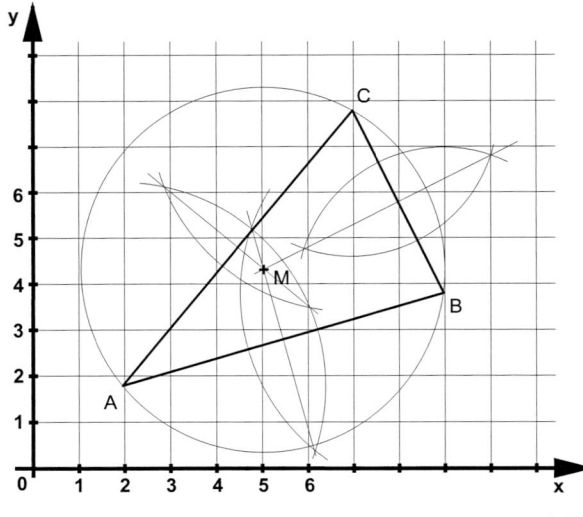

Aufgabe 2

Zeichne dir ein x-beliebiges Dreieck in den Kreis ein und konstruiere die Mittelsenkrechten, die sich im Mittelpunkt dieses Kreises treffen.

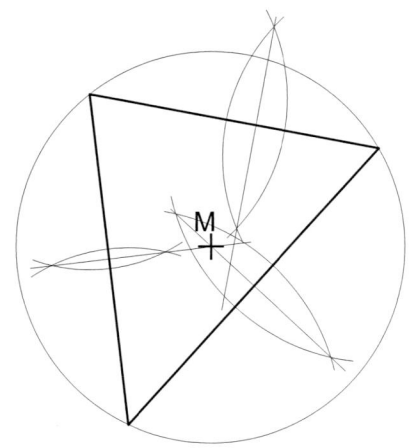

Seite 71

Aufgabe 1

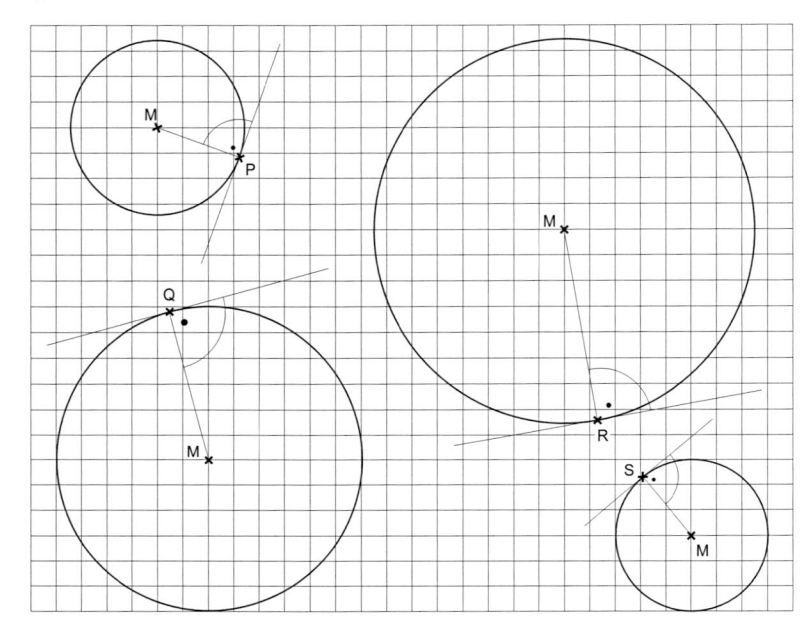

Seite 72

Aufgabe 1

Lila Sause $0,24\overline{5}$

Taste ´nix $0,096\overline{18}$

Ferrari Nuss $0,1516\overline{36}$

Ritter Mord $0,14$

Sweet Toothache $0,1778\overline{18}$

Pitty Pat $0,18890\overline{9}$

Aufgabe 2

zu Fuss $0,5$

Mofa $0,0\overline{3}$

Straßenbahn $0,18\overline{4}$

Fahrrad $0,0\overline{2}$

Bus $0,12$

Papa oder Mama $0,14$

Aufgabe 3

Blutgruppe A $\frac{25}{75} = 0,\overline{3}$

Blutgruppe B $\frac{14}{75} = 0,18\overline{6}$

Blutgruppe AB $\frac{8}{75} = 0,10\overline{6}$

Blutgruppe 0 $\frac{28}{75} = 0,37\overline{3}$

Aufgabe 4

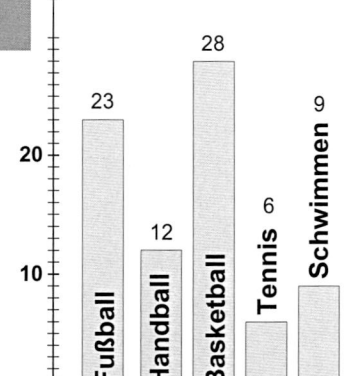

Fussball $\frac{23}{80} = 0,2875$

Handball $\frac{12}{80} = 0,15$

Basketball $\frac{28}{80} = 0,35$

Tennis $\frac{6}{80} = 0,075$

Schwimmen $\frac{9}{80} = 0,1125$

Tischtennis $\frac{2}{80} = 0,025$

Seite 75

Aufgabe 1

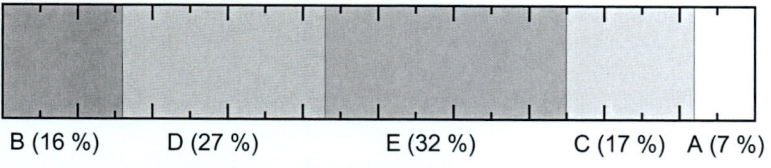

B (16 %)   D (27 %)   E (32 %)   C (17 %)   A (7 %)

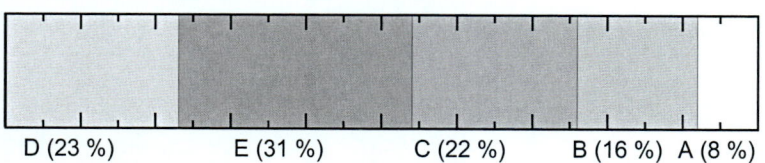

D (23 %)   E (31 %)   C (22 %)   B (16 %)   A (8 %)

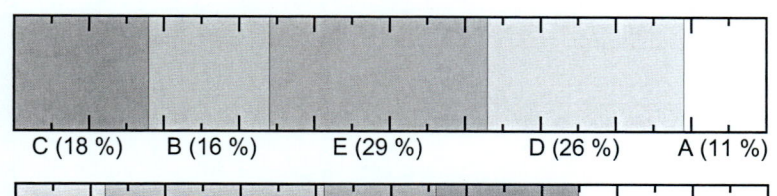

C (18 %)   B (16 %)   E (29 %)   D (26 %)   A (11 %)

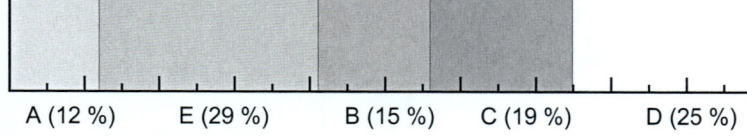

A (12 %)   E (29 %)   B (15 %)   C (19 %)   D (25 %)

Aufgabe 2

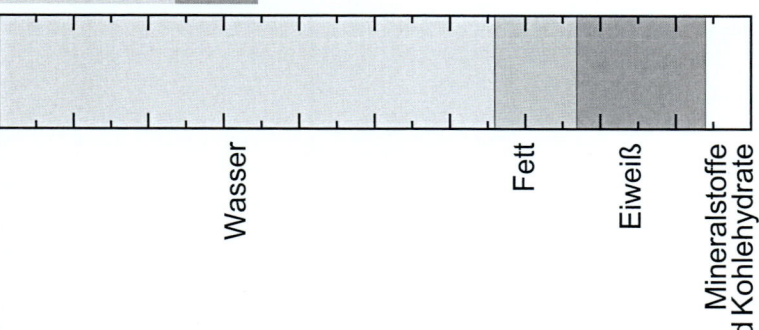

Wasser   Fett   Eiweiß   Mineralstoffe und Kohlehydrate

Seite 76

Aufgabe 1

Angabe der Gradzahlen
Verbesserung der Schul-
leistung 133,2°
Ausgleich von Leistungs-
schwächen 68,4°
Unterrichtsausfall 46,8°
Sicherung der Versetzung 64,8°
Erhöhung der Lernmotivation 28,8°
Sonstiges 18°

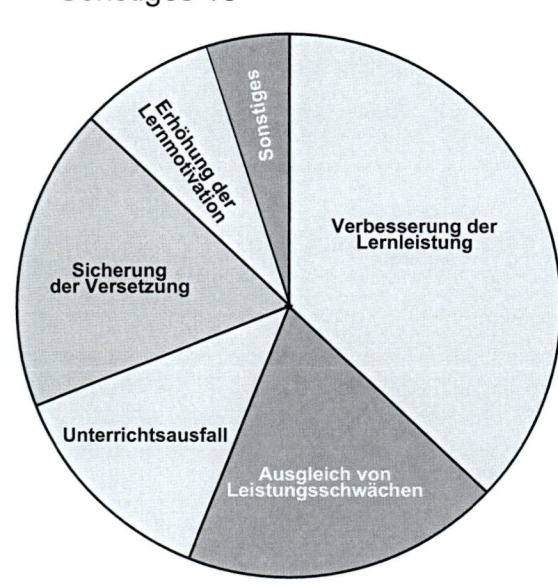

Seite 77

Aufgabe 1

Emil Halfpipe brauchte durchschnittlich 20,6 min. Das sind 20 Minuten und 36 Sekunden.

Aufgabe 2

Die durchschnittliche Zuschauerzahl pro Spiel beträgt 631.

Aufgabe 3

Das durchschnittliche Gewicht der Fleisch-wurst beträgt 501 g.

Aufgabe 4

Die durchschnittlichen monatlichen Telefon-gebühren betragen 94,65 €.

Seite 78

Aufgabe 1

Zentralwert: 971 500 000 €

Aufgabe 2

Zentralwert: 1350 $

Aufgabe 3

Zentralwert: 4,65 m

Aufgabe 4

Zentralwert: »Tutti Fruit« 501 g, »Fitti Paldi« 500,5 g

Seite 79

Aufgabe 1

Spannweite: 78.675 (in Mill €)
Zentralwert: 30.742,5 (in Mill. €)

Aufgabe 2

Spannweite: 100516
Zentralwert: 28758

Aufgabe 3

Spannweite: 10,4 m
Zentralwert: 34,0 m

Seite 80

STRICHLISTE 1

1	2	3	4	5	6
卌 卌 ||	卌 卌 卌	卌 卌 ||	卌 卌		卌 卌 卌	卌 卌 卌	

STRICHLISTE 2

1	2	3	4	5	6	7	8
卌 卌	卌 卌 卌	卌 卌 卌	卌 ||	卌 卌	卌 卌	卌 卌 卌	卌 卌 ||

Seite 81

1. Münze · 2. Münze · 3. Münze

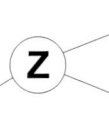

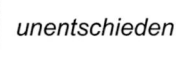
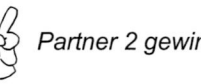

Baumdiagramm:

Z → Z → Z : (Z)(Z)(Z)
Z → Z → B : (Z)(Z)(B)
Z → B → Z : (Z)(B)(Z)
Z → B → B : (Z)(B)(B)
B → Z → Z : (B)(Z)(Z)
B → Z → B : (B)(Z)(B)
B → B → Z : (B)(B)(Z)
B → B → B : (B)(B)(B)

Beispiel einer Strichliste für die einzelnen Ereignisse

ZZZ	ZZB	ZBZ	ZBB	BZZ	BZB	BBZ	BBB
卌 卌		卌 卌 ||	卌 卌	卌 卌	卌 卌	卌 卌 ||	卌 卌 ||	卌 卌
				卌			

absolute Häufigkeit für das Ereignis

ZZZ 11	ZZB 9	ZBZ 13	ZBB 15	BZZ 17	BZB 12	BBZ 13	BBB 10

relative Häufigkeit für das Ereignis

ZZZ 0,11	ZZB 0,09	ZBZ 0,13	ZBB 0,15	BZZ 0,17	BZB 0,12	BBZ 0,13	BBB 0,10

Seite 83

Aufgabe 1

keine 6 dabei	6 dabei
卌 卌		卌 ||||

Aufgabe 2

Unter den 216 möglichen Ausfällen sind 125 Würfe, die für Mäxchen günstig sind.

$$p_{(\text{Wurf ohne 6})} = \frac{125}{216}$$

Damit stehen seine Chancen wesentlich besser als »fifty - fifty«.

Seite 84

Aufgabe 1

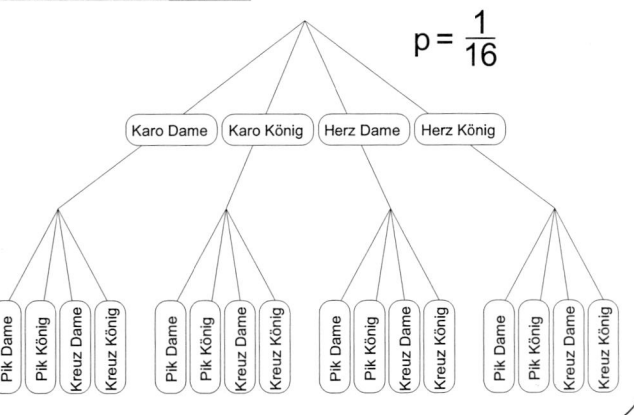

$$p = \frac{1}{16}$$

Karo Dame · Karo König · Herz Dame · Herz König

Pik Dame · Pik König · Kreuz Dame · Kreuz König

Seite 82

Aufgabe 1

Partner 2

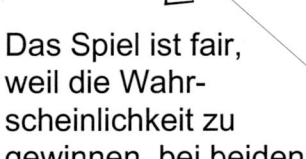
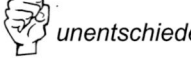

Partner 1

unentschieden
Partner 2 gewinnt
Partner 1 gewinnt
Partner 1 gewinnt
unentschieden
Partner 2 gewinnt
Partner 2 gewinnt
Partner 1 gewinnt
unentschieden

Das Spiel ist fair, weil die Wahrscheinlichkeit zu gewinnen, bei beiden Partnern gleich groß ist.

$$p = \frac{1}{3}.$$

Grundwissen Mathematik / 7. Schuljahr · Bestell-Nr. 11 570